67

消えゆく熱帯雨林の野生動物

絶滅危惧動物の知られざる生態と保全への道

松林尚志 著

DOJIN SENSHO

▲ **口絵①　クランバ野生生物保護区で出会ったバンテン**
成熟オス（体色が黒く立派な角をもつ 2 頭）と成熟メス（体色がこげ茶色で短い角をもつ 2 頭）。絶滅危惧種だが保全対策は遅れており、ボルネオ島のバンテンは飼育個体すら存在しない。

▲ **口絵②　スマトラサイ**
ボルネオ島でもっとも絶滅の危機にある大型哺乳類。

▼ **口絵③　塩場の訪問者**
サンバー（左）とヒゲイノシシ（右）が同時に訪問。

◀▲ 口絵④　塩場の意外な訪問者、オランウータン
カメラトラップ調査により、樹上性かつ単独性のオランウータンが、塩場を頻繁に訪問すること、複数頭でも利用することなどが明らかになった。

▼ 口絵⑤　樹上につくられたオランウータンの寝床（ネスト）
時間が経過したネストは枝葉が枯れ茶色になるため目立つ。

▲ **口絵⑥　デラマコット商業林で出会ったバンテン**
手前にコドモ２頭（茶色）と中央奥に成熟オス１頭（黒色）が見える。

▶ **口絵⑦　ウル・カルンパンでの調査後の記念撮影**

◀ **口絵⑧　ハンモックテント**
持ち運びが便利かつ快適である。

▲ **口絵⑨　インド・バンディプル国立公園で出会ったインドゾウ**
立派な牙をもつオスは密猟の対象となるため希少だ。

▼ **口絵⑩　こちらの様子をうかがうベンガルトラ**
その存在感の大きさは群を抜く。

▲ **口絵⑪　タンザニア・ンゴロンゴロ自然保護区で出会ったライオン**
枯れ草の中を悠々と歩くメスライオンの姿は息を呑むほど美しい。

▼ **口絵⑫　水辺で寄り添うカバ集団**
乾燥に弱い皮膚を保護するために、カバの生息環境に水場は欠かせない。

▲ 口絵⑬　タンザニア・ゴンベ国立公園のチンパンジーの親子
人付けされているため至近距離で観察ができる。

▲ 口絵⑭　ブラジル・マナウスで出会ったアマゾンカワイルカ
絶滅危惧種だが基礎データは不足している。
写真：矢部恒晶（森林総合研究所）

▲ 口絵⑮　アマゾンマナティ
国立アマゾン研究所には、密猟で親とはぐれたコドモが保護されていた。

▼ 口絵⑯　アグーチ
大型のげっ歯類で、非常に硬いブラジルナッツの種子散布者と考えられている。

▲ **口絵⑰　世界最大の野生ウシ、ガウルのオス**
生息域外保全が進み、再導入プロジェクトも活発化している。
写真：Abdul Hamid (Universiti Malaysia Sabah)

▲ **口絵⑱　セピロクに保護されてきたレッドリーフモンキーの親子**
開発により森を追われた。

▲ **口絵⑲　世界最小のクマ、マレーグマ**
成熟個体の胆のうは漢方薬として高額取引されるため密猟され、コドモはペットとして違法飼育される。

▲ **口絵⑳　発信機を装着されたセンザンコウ**
ウロコ様の皮膚は漢方薬として高額取引されるため密猟が絶えない。

はじめに

早朝、サンダカン空港を飛び立った小型ヘリコプターは、鏡のように輝くスールー海を横目に東へと向かった。途中、大きく何度も曲がりくねった川や絨毯（じゅうたん）のように広がるニッパヤシが見える。しばらくすると、前方に水上集落が見えてきた。クランバという小さな漁村である。ヘリコプターは集落上空を勢いよく通過し、その先にある広大な湿地帯、クランバ野生生物保護区をめざした。そこには、バンテンという大型の野生ウシが生息している。バンテンは乱獲により激減し、今では絶滅危惧種に指定されている。しかしこの一帯は、人の背丈を超える草本類が群生する湿原、しかもワニもいるため人の侵入を阻み、バンテンの楽園になっているのだ。われわれは高まる期待を胸に、眼を皿のようにしてバンテンを探した。そして、センサスも終盤に近付いたとき、一人が「いたぞ！」と叫ぶ。すると、ヘリコプターはぐるりと向きを変え、水しぶきを上げながら逃げるバンテンの群れを追った（口絵①）。

当時私は、マレーシア・サバ大学で教員をしており、同僚とバンテンの基礎データを収集していた。

　私は一九九七年以来、ボルネオ島マレーシア領サバ州の熱帯雨林で野生哺乳類の生態や行動について調べている。子供の頃から野生動物研究への憧れをもっていたが、そこに至るまでは、自分が何をやりたいのか、何ができるのかもわからず、学部は動物生理学、修士課程は分子進化学を専攻していた。しかし思うところがあり、博士課程から熱帯雨林に生息するマメジカという原始的な反芻動物を対象とした、生態学や行動学へと大きく分野変更した。一年の半分以上はボルネオで、残りはデータ整理や渡航費用を稼ぐために日本で過ごし、学位取得には五年を要した。その後、ポスドク（ポストドクターの略。契約の博士研究員のことで博士号取得後の修業期間をさす）では、野生動物による塩場（塩なめ場）利用を中心に「知りたい」と思ったことは何でも調べた。八年間、不安定な身分ながらもさまざまなプロジェクトに参加し、熱帯雨林での野生動物調査を継続できたのはラッキーだったと思う。そして、二〇一〇年、さらにフィールド研究を続けるために飛び込んだマレーシア・サバ大学での教員生活。そこでは現地の学生たちとフィールドワークを存分に楽しんだ。移住から三年後の二〇一三年、縁あって日本に戻り今に至る。現在でも、熱帯アジアの野生動物と生息地の保全に関する研究を継続している。

　以前私は、博士課程からポスドク時代のフィールド経験を『熱帯アジア動物記』（東海大学出版部、二〇〇九年）という本にまとめた。その本では、熱帯アジアにおける野生動物研究の魅力について大きくページを割いた。本書はその続編にあたり、ポスドクを終えサバ大学の教員として過ごした三年間を軸として「熱帯地域の絶滅危惧動物」に着目する。

現在、哺乳類五四二九種の二六%、さらに、熱帯林に生息する哺乳類では四二%が絶滅の危機に瀕しているといわれている。彼らの生態や行動、遺伝に関する情報を明らかにし、生息地の現状を正しく理解することは、彼らとその生息地の保全を進めるうえで必要不可欠である。

そこで本書は、熱帯地域に生息する絶滅危惧動物の現状と保全アプローチについて、五回の集中講義で紹介するというイメージで書くことにした。次ページの地図は、東南アジアにおけるボルネオ島とマレーシア・サバ州の位置、そしてサバ州内における私がこれまで入った調査地の位置を示したものである。また、本書で取り上げた動物名の後ろには二〇一五年三月時点での学名と国際自然保護連合（International Union for Conservation of Nature：以下、IUCN）のレッドリストカテゴリーを載せた（5ページの表は、レッドリストカテゴリーの一覧なので参照してほしい）。よりくわしい情報を知りたい方は、IUCNレッドリストのウェブサイト「http://www.iucnredlist.org/」で学名を入れて検索してみてほしい。さらに各章末には、サバ大学での教員生活に関連した話をスペシャルコラムとして盛り込んだ。日本とは違ったマレーシア・ワールドを紹介したい。

本書が、野生動物、とくに熱帯地域の絶滅危惧動物に関心のある方々に、フィールド研究の面白さや大切さを伝え、保全に関する理解の一助となり、さらには自分の目で現場を見に行くきっかけになれば幸いである。

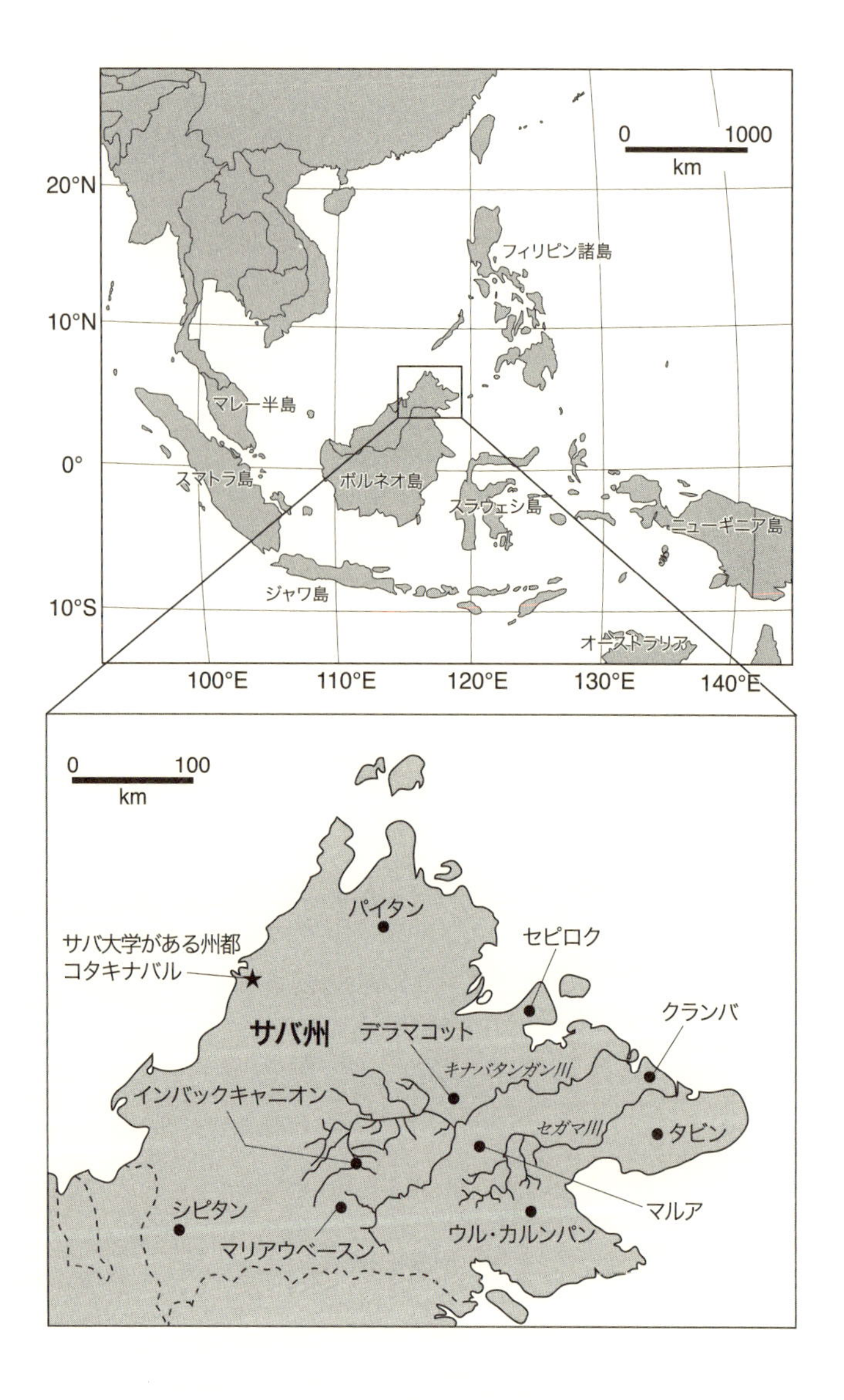
0 1000
km
20°N
10°N
0°
10°S
100°E
110°E
120°E
130°E
140°E
フィリピン諸島
マレー半島
スマトラ島
ボルネオ島
スラウェシ島
ニューギニア島
ジャワ島
オーストラリア
0 100
km
パイタン
セピロク
サバ大学がある州都
コタキナバル
サバ州
デラマコット
クランバ
キナバタンガン川
インバックキャニオン
セガマ川
タビン
マルア
シピタン
ウル・カルンパン
マリアウベースン

IUCN レッドリストカテゴリー一覧

レッドリストカテゴリー		概要
絶滅	Extinct (Ex)	すでに絶滅したと考えられる種
野生絶滅	Extinct in the Wild (EW)	自然分布域の野生下では絶滅し、飼育下で存続している種
絶滅危惧Ｉ類	CR ならびに EN	絶滅の危機に瀕している種
絶滅危惧ＩＡ類	Critically Endangered (CR)	ごく近い将来における野生での絶滅の危険性がきわめて高い種
絶滅危惧ＩＢ類	Endangered (EN)	ＩＡ類ほどではないが、近い将来における野生での絶滅の危険性が高い種
絶滅危惧Ⅱ類	Vulnerable (VU)	絶滅の危険が増大している種
準絶滅危惧種	Near Threatened (NT)	現時点での絶滅危険度は小さいが、状況によっては絶滅危惧に移行する可能性のある種
軽度懸念	Least Concern (LC)	近い将来絶滅に瀕する見込みが低い種
情報不足	Data Deficient (DD)	評価するための情報が不足している種

消えゆく熱帯雨林の野生動物　目次

第2章 生物多様性のホットスポット、塩場――生息地保全と商業林管理 55

第4章 絶滅危惧動物フィールドレポート——インド、タンザニア、ブラジルの事例 131

第1章

絶滅の危機にある東南アジアの野生動物

―絶滅危惧種と絶滅要因―

ボルネオ島の熱帯雨林に迫るアブラヤシプランテーション

地球の歴史において、種の絶滅は繰り返されている。その中でも規模が大きいものは大量絶滅と呼ばれ、現在進行中のものを含めると、これまでに六回の大量絶滅が確認されている。現在の大量絶滅が過去のものと大きく異なる点は、その要因が人間活動によるものだということである。人間活動とは、乱獲、森林伐採や農地開発による生息地の消失、そして人間がもち込んだ外来種による捕食や競合、疾病などがあげられる。第1章では、「種の絶滅」や「絶滅危惧種」、「人為的な絶滅要因」について、東南アジアあるいはボルネオ島サバ州の事例を紹介しながら整理する。

一　熱帯アジアの絶滅危惧動物

種の絶滅

種の絶滅は、規模の大きさによって、(1) 大量絶滅（カタストロフィによる種の絶滅）、(2) 地球規模での種の絶滅、そして (3) 地域的な種の絶滅、の三つに大きく分類される。まず、「大量絶滅」は、不特定多数の種が同じ時期に地球上から一斉に姿を消すことをいう。絶滅の要因としては、恐竜と哺乳類、あるいは有袋類と有胎盤類との間で生じたニッチ（ある生物種が生態系の中で得た環境要因や食物資源などの最適な生息環境。生態的地位ともいう）をめぐる競合によるもの、また、別名「カタストロフィ（大変動）による種の絶滅」といわれるように、気候変動、火山活動、隕石や彗星といった自然災害によるものがある。しかし、すでに触れたように、現在の大量絶滅は人間活動によるものである。

次いで、特定の種が地球上から姿を消すことを「地球規模での種の絶滅」という。一般的に「種の絶滅」というとこれをさすことが多い。日本の場合、多くの人はニホンオオカミやニホンカワウソを思い浮かべるのではないだろうか。

最後に、「地域的な種の絶滅」は、特定の種が地域的に姿を消すことをいう。希少種保全においては、地域集団（地域個体群ともいう）レベルでの保全管理が第一に重要である。また、地域集団によっては、ほかの集団と比べて遺伝的に離れている（分化している）場合があり、そのような集団は「進化的に重要な単位（evolutionarily significant unit：ＥＳＵ）」として扱い、ほかの地域集団との交配を避けて独立して保全すべきだと考えられている。

【絶滅危惧動物ファイル①】コープレイ

コープレイ（*Bos sauveli*：ＣＲ）は、ＩＵＣＮではまだ宣言はされていないものの、すでに絶滅した可能性の高い野生ウシである（図１‐１）。コープレイは、立派な角をもつために乱獲され個体数が激減、飼育繁殖計画も行われぬまま現在に至る。二〇一五年現在、ＩＵＣＮは「Probably extinct（絶滅した可能性が高い）」と扱っている。この根拠になっているのが、二〇一一年に野生ウシ専門家グループが出した最終報告書である。彼らは、これまでに実施されたＷＷＦ（World Wildlife Fund）

図1－1　絶滅した可能性が高い野生ウシ、コープレイ
イラスト：池田威秀（京都大学野生動物研究センター）

やWCS（Wildlife Conservation Society）、CI（Conservation International）などの代表的な国際NGOが中心となって実施された五〇件のカメラトラップを用いたプロジェクト成果をレビューし、得られた約七万四〇〇〇枚もの写真から、野生ウシのバンテンやガウル、野生スイギュウなどの希少種は確認されたものの、コープレイの姿はなかったことを報告している。コープレイの絶滅が宣言されるのは時間の問題であろう。

絶滅危惧種

「絶滅危惧種」とは、現在、地球上から姿を消す可能性の高い、絶滅が危ぶまれている種をさす。具体的には、IUCNが絶滅危惧種を定義、三つのカテゴリーに分類している（5ページの表も参照）。すなわち、絶滅する可能性が高い順に、絶滅危惧ⅠA類（Critically Endangered）、絶滅危惧ⅠB類（Endangered）、そして絶滅危惧Ⅱ類（Vulnerable）である。絶滅危惧ⅠA類は、近い将来、野生での絶滅の危険性がきわめて高い種で、一〇年または三世代以内の絶滅確率が五〇％以上の種が相当する。次いで、絶滅危惧ⅠB類は、ⅠAほどではないが、近い将来、野生での絶滅の危険性が高い種で、二〇年または一〇世代以上の絶滅確率が二〇％以上の種が相当する。三番目の絶滅危惧Ⅱ類は、現時点で絶滅の危険性が増大しており、近い将来、絶滅危惧Ⅰ類になることが確実な種で、一〇〇年以内の絶滅確率が一〇％以上の種が相当する。

【絶滅危惧動物ファイル②】ジャワサイ

ジャワサイ（*Rhinoceros sondaicus*：ＣＲ）は残存集団がただ一つという、まさに絶滅の危機にある種である。現生のサイは五種に分類されている。アフリカのシロサイとクロサイ、アジアのインドサイ、ジャワサイ、そしてスマトラサイである。そのうち、東南アジアには、ジャワサイとスマトラサイの二種が生息している。ジャワサイは、体重が一五〇〇〜二〇〇〇キログラム、一本の角をもち、皮膚のたるみが鎧（よろい）をまとったように見える（図1－2）。飼育個体がいないため見ることは難しいが、外貌はインドサイに似ており、それを少し小さくしたような感じである。本来、ジャワサイは、東南アジアに広域分布し、地域によって三つの亜種が知られていた。まず、ベトナム、ラオス、カンボジアそしてタイ東部のインドシナ半島を中心に分布する集団（*R. s. annamiticus*）。次いで、インドシナ半島から下ったマレー半島やスマトラ島、ジャワ島などの島嶼（しょ）部に分布する集

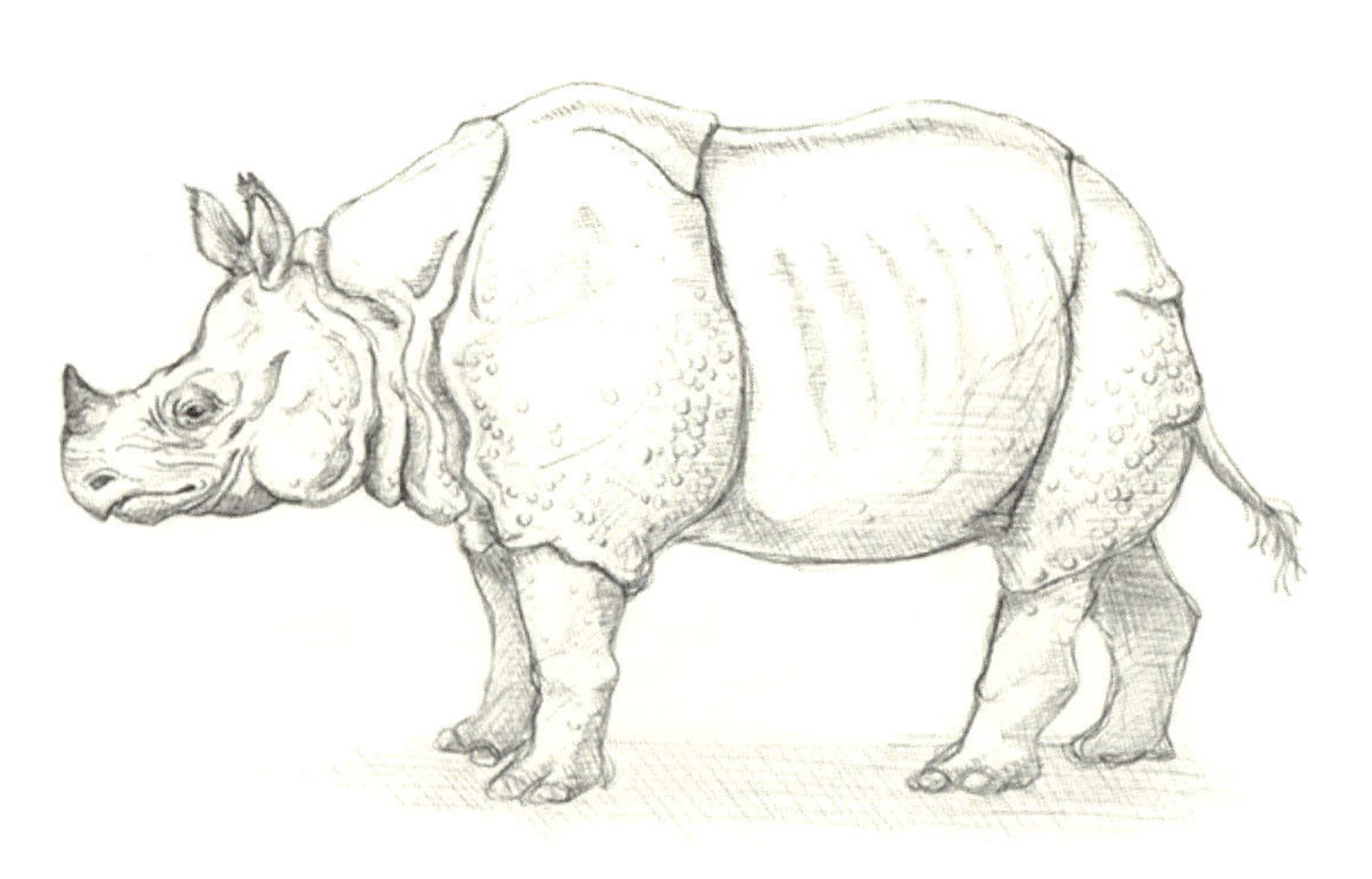

図1－2　野生集団が残り一つとなったジャワサイ
イラスト：池田威秀（京都大学野生動物研究センター）

団（*R. s. sondaicus*）。そして、インドシナ半島西部のミャンマーやバングラデシュ、インド北東部を中心に分布する集団（*R. s. inermisha*）である。しかし、*R. s. inermisha* はすでに絶滅し、残る二つの亜種が、ベトナム南部のカッティエン国立公園（七万一九二〇ヘクタール）とインドネシア・ジャワ島西南端部のウジュン・クロン国立公園（一二万二四五一ヘクタール）に、おのおの生息する単一集団のみとなった。これだけでも問題の深刻さが伺えるが、さらに追い打ちをかけることが起こる。

二〇一一年一〇月、WWFによって、ベトナム集団の絶滅が宣言されたのである。WWFは、二〇〇九年から二〇一〇年にかけて、糞サンプルを採取し、遺伝解析による個体識別を行った。その結果、解析した二二サンプルすべてが、二〇一〇年に角が切断された状態で見つかった死亡個体に由来することが判明したのである。したがって、現在、地球上でジャワサイが生息しているのは、インドネシアの一集団となっている。

唯一の生息地となったインドネシアのウジュン・クロン国立公園では、飼育繁殖（captive breeding：捕獲繁殖ともいう）は行わず、生息地管理を徹底することで、個体数を維持しようとしている。繁殖は比較的順調のようで推定個体数は五〇頭前後と言われている。しかし、ウジュン・クロン国立公園における有効な環境収容力（carrying capacity：ある環境において、ある種を維持できる最大の個体数、飽和個体数）もまた五〇頭程度と考えられている（実際はもっと少ないだろう）。そのため、過去の生息域への再導入なども検討されているようだが、広域面積が必要、かつ常に密猟のターゲットとなるため、その後の管理が非常に難しく現実的ではない。また、このような単一集団の一番の脅威は感染症であり、深刻な場合は絶滅に直結する可能性もある。やはり、管理の行き届いた動物園のような環境での飼育繁殖も望まれる。ただし、途上国では飼育環境の衛生管理が行き届かず、その施設で感染・死亡するケースも報告されており、十分に検討する必要がある。

二　絶滅要因

小さな集団の問題

絶滅危惧動物のように、もともとは大きな集団だったものが、個体数の減少によって小さな集団になると、いったいどんな問題が生じるのであろうか。図1-3は、集団サイズの変化とそれに伴う遺伝子型の出現頻度の変化を示したものである。小さな集団は、自然災害や感染症などで個体数

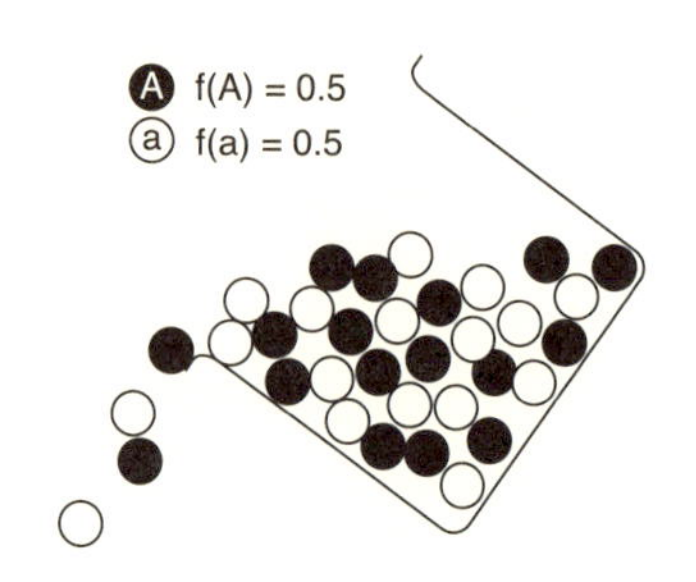

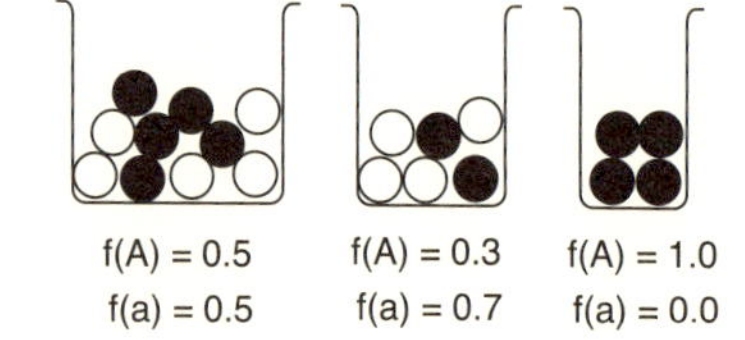

図 1－3　遺伝的浮動のイメージ

集団が小さくなると遺伝子型（A、a）の出現頻度に偏りが生じやすくなる。この図では、容器が大きい場合は二つの遺伝子型が 50% の確率で入っているが、容器が小さくなると一方の遺伝子型に偏る確率が上がることを示している。

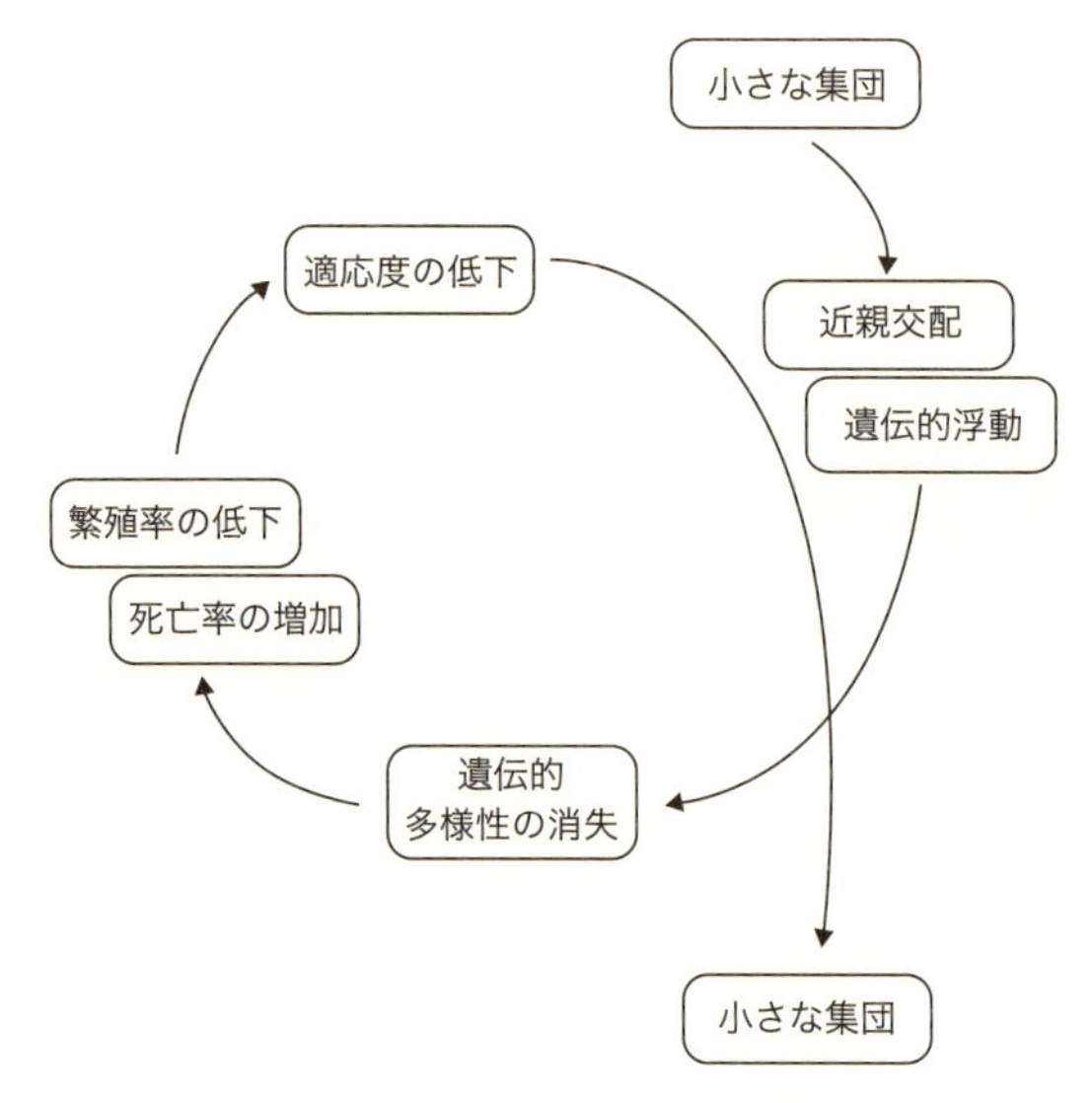

図 1－4　絶滅の渦のイメージ

集団が小さくなると負の連鎖が起きやすくなる。

が減少すると、遺伝子頻度に偏りが生じやすい。この偶然による遺伝子頻度の偏りを「遺伝的浮動(genetic draft)」という。そのような小集団が隔離された状態が続くと、個体数が増加しても遺伝子頻度の偏りは解消されず、遺伝的多様性の低い(ヘテロ接合度の低い)集団となる。

集団サイズが小さくなるということは、絶滅への道を歩み始めることを意味し、それは図1－4で示すような「絶滅の渦(extinction vortex)」と呼ばれる負の連鎖を招く。集団サイズが極端に小さくなると、血縁の近い個体どうしの交配、すなわち「近親交配(inbreeding)」が起こり、劣性致死遺伝子の発現確率が上昇し(死亡率が増加し)、繁殖率や繁殖年齢までの生存率といった適応度(fitness：繁殖成功度ともいう)の低い個体割合が増加する。この近親交配による弊害は「近交弱勢(inbreeding depression)」という。また一般に、個体数が減少すると、雌雄の出会う確率も減少する。このような状況に陥ることで、その集団のサイズはさらに小さくなる。

さて、「小さな集団」とはいったいどの程度の個体数を指すのであろうか。「五〇／五〇〇則」という経験則がある。これは、遺伝的浮動を防ぐには(集団の遺伝的多様性を維持するには)繁殖に関わる個体の数が少なくとも五〇〇頭以上は必要であり、さらに、近交弱勢を防ぐには五〇頭以上は必要であるという考え方である。先のジャワサイは、まさに絶滅するか否かの瀬戸際に立たされている。

コラム1　遺伝的な距離と集団構造

集団における遺伝の基本法則に「ハーディ・ワインベルグの法則」というのがある。この法則では、集団が十分に大きくてランダム交配が可能、かつ突然変異や自然選択、遺伝子流動（集団間の個体の移動）が起こらないことを前提とした理想集団内において、対立遺伝子Aとaがあり、A遺伝子の遺伝子頻度をp、a遺伝子の遺伝子頻度をqとしたとき、この集団がつくる次世代の集団内の遺伝子型の分離比を、次のように表す。

$$AA : Aa : aa = p^2 : 2pq : q^2$$

ここでたとえば、pが〇・四、qが〇・六のとき、ヘテロ接合体†（Aa）の出現頻度の期待値は〇・四八となる。この期待ヘテロ接合度（He）と実際に得られた観察ヘテロ接合度（Ho）を比べることで、集団内での近親交配の有無（個体間の遺伝的な距離）を評価することができる。近親交配の程度は、近交係数あるいは固定指数（fixation index：F）で表され、次の式から求められる。

$$F = (He - Ho)/He = 1 - Ho/He$$

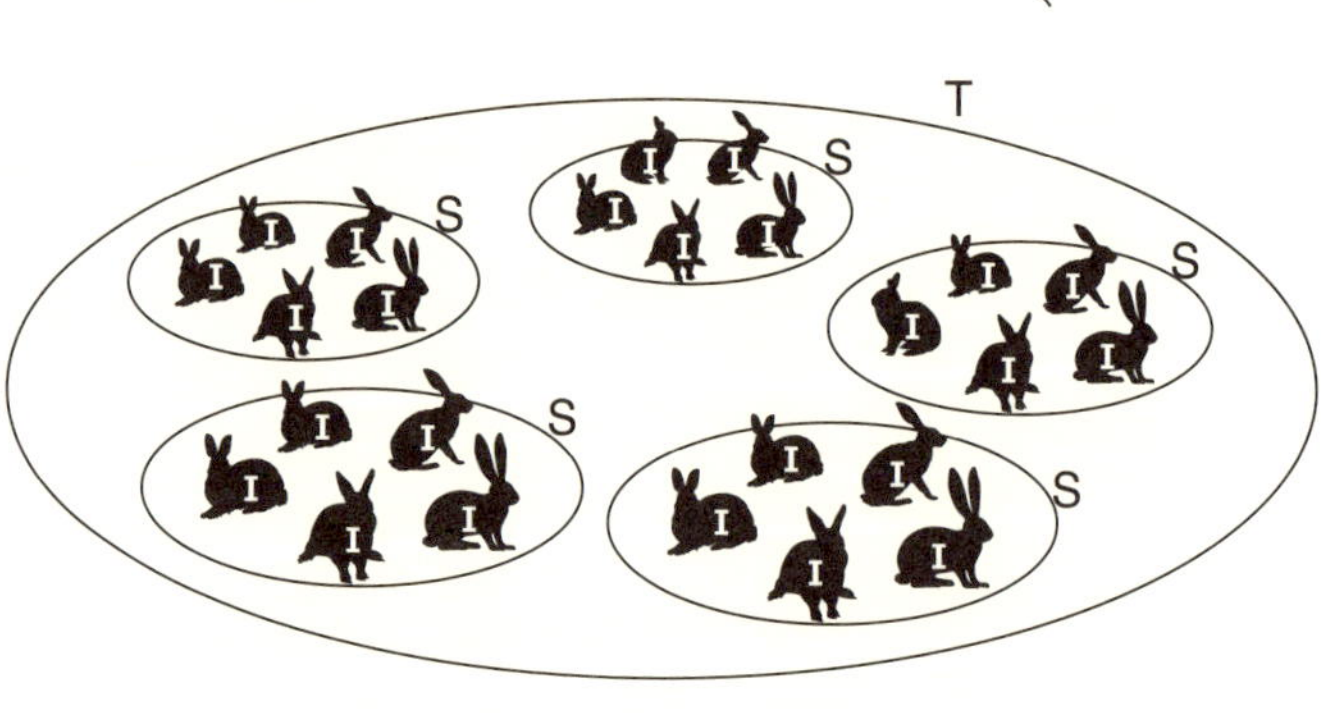

図①　集団のイメージ

Fは1（完全な近交集団）から0（偏りが生じないランダム交配集団）の値をとり、観察値が期待値よりも小さくなると、Fは1に近づき、その集団内で近親交配の可能性が出てくる。

集団の構造は、図①のように三つのレベルで表される。集団Tは全集団（total population）、Sは分集団（sub population）、そしてIは個体（individual）を示す。ここで、大陸部と島嶼部、あるいは大河の両岸などの全集団における分集団間の遺伝的な分化による近交の程度（分集団間の遺伝的な距離）は、Fstで表され、次の式から求められる。Htは全集団における期待ヘテロ接合度、Hsは各分集団における期待ヘテロ接合度の平均を示す。

$$F_{st} = (H_t - H_s)/H_t = 1 - H_s/H_t$$

Fstは1から0の値をとり、値が大きければ各分集団は遺伝的に分化しており、逆に小さければ遺伝的に分化していないと考える。

†ある遺伝子座において、対立遺伝子Aとaがあるとき、AAやaaのように同じ対立遺伝子をもつ場合をホモ接合体、Aaのように異なる対立遺伝子をもつ場合をヘテロ接合体という。ある集団内におけるヘテロ接合体の度合い（割合）をヘテロ接合度という。

図1-5　ブッシュミート
写真はヒゲイノシシ。ヒゲイノシシは狩猟対象種のため許可を取得すれば捕獲できる。

人為的な絶滅要因

絶滅危惧種として扱われている哺乳類は、哺乳類全体のどのくらいを占めているのだろうか。二〇一四年時点において、哺乳類は五四二九種の記載があるが、絶滅危惧種はその二六％を占めているという（IUCN, 2014）。この数値は、環境変動の影響を受けやすい両生類（四一％）に比べると低いものの、鳥類（一三％）に比べるとずっと高い値である。さらに、熱帯林に生息する哺乳類一〇三五種の四二％が絶滅危惧種である。なぜそのような運命をたどることになったのだろうか。

これまで大量絶滅の要因となるカタストロフィは自然要因であった。しかし今日、人間活動によって多くの野生動物が絶滅の淵に追い込まれている。そのおもな問題として、（1）乱獲、（2）開発やそれに伴う汚染などによる生息地の消失、そして（3）捕食や競合、感染症の原因となる外来種のもち込みの三つをあげることができる。以下、ボルネオ島サバ州の事例から紹介したい。

乱獲

狩猟は生活の糧を得るために必要不可欠な行為であり、その地域内での消費であれば、個体数に与える影響は小さいだろう。問題は外部からの需要で、商業用ブッシュミート（野生動物肉）、角や皮、クマの胆やセンザンコウなどの漢方薬、そしてペット取引などである。サバ州も例にもれず、都市部に近い森林での狩猟圧は高く、狩猟対象となる大型動物の生息密度が極端に低くなる。ブッシュミートは、都市部ではあまり表面的には出回らないが、地方ではよく見かける（図1－5）。サバ州野生生物局は、狩猟対象種についてはライセンスを発行してはいるが、村人がライセンスを取得して狩猟していることは、現時点では非常に少ないだろう。

さて、乱獲は大型動物を絶滅に追い込むだけでなく、将来的には、より深刻な問題を生む。その一つが、「森林の空洞化（empty forest）」という現象である。これは、大型動物が森から姿を消すことで、大型種子の散布といった生態系機能が失われ、樹木更新がうまくいかないために、衰退の道をたどる森林のことをさす。ボルネオ島において、大型種子散布者あるいは長距離種子散布者に相当するのは、果実食性のコウモリ類、オランウータン、テナガザル、ブタオザルやカニクイザルなどの霊長類、ジャコウネコ類やマレーグマなどの雑食性の食肉類、アジアゾウ、スマトラサイ、ヒゲイノシシ、サンバーなどの大型有蹄(てい)類などである。そしてこれらの種の多くは、乱獲により絶滅危惧種となっている。

コラム2　ククリワナ猟

狩猟といえば、ライフルやショットガン（散弾銃）といった銃器によるイメージがあるかもしれない。しかしコストが低く、警戒心の高い野生動物にも有効な捕獲方法の一つに「ククリワナ」がある。ククリワナは、ケモノ道に仕掛け、そこを通過する動物の足や首を「くくる」ことによって捕獲する方法である（図②）。ウサギやネコぐらいのサイズの動物の場合、まず、地面に直径一〇～一五センチメートル、深さ数センチメートルの穴を掘ることから始まる。これはできるだけ足の深い位置にククリワナの「ループ（輪）」をはめるためで、こうすることで締まったループは足から外れにくくなる。次いで、掘った穴の脇に、テントペグのような「かえし」のある枝を地面に二本突き刺して固定棒にする。ループをキュッと素早く締めあげるためのスプリングには「しなる木（周辺に生える親指ほどの太さの立木）」を利用する。次に用意したロープの片方で動物の足を締めるためのループ（輪）をつくり、もう片方には「ストッパー」となる四センチメートルほどの短い枝を結んでしなる木を経由して（途中巻きつけて固定して）、しなる木を引っ張りながら固定棒に近づける。そして、ストッパーが引っ張られる力を利用して、ストッパーと二本の固定棒の間に二本の横棒を上下に挟みこみ、下の横棒にトリガー（引き金）となる足場をつくる

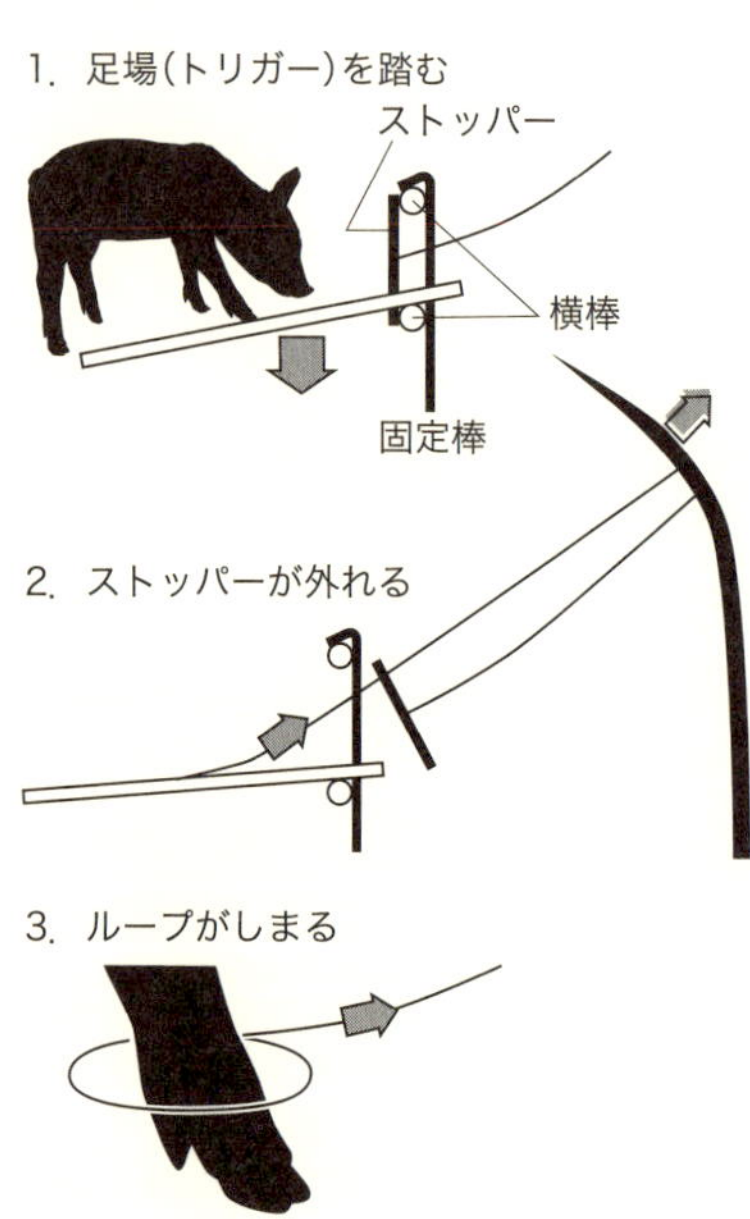

図②　ククリワナのイメージ

（数本のまっすぐな棒の端を横棒の上に並べる）。その上に適当なサイズの落ち葉とともに開いたループを置き、さらにループに巻き込まれないよう土や落ち葉を使って目立たなくすれば完成である。ストッパーと踏み板がかかる下部横棒との微妙な力関係でワナの精度が決まるため、下の横棒にかかるストッパー部分をナイフで削って滑りやすくすると、わずかな重みで踏み板に連動した横棒の動きをとらえてストッパーが外れ、ループを素早く締めあげてくれる。問題は、いかにしてループの真ん中に足を置かせるかである。ある村人は、小石や枝などの障害物をうまく配置してループ内に足を無意識に誘導するよう工夫していた。

ボルネオ島では、次に紹介する生息地の開発と並んで、狩猟圧が野生動物の個体数に強い影響を与えていることは間違いない。余談だが、調査地へ向かう際に立ち寄る中華系レストランには、「鹿」や「猪」の張り紙に混ざって、「大尾鼠」というのがあった。いったい何だろうと思い店主にたずねると、「リス」のことだという。それを聞いて私の視線はレストラン脇の金網小屋に向く。そこでは尻尾を振る可愛らしいリスたちが飼われており、金網前では観光客が記念撮影をしていた。まさか、食べるためのものとは思っていないだろう。

生息地の消失

私が小学生の頃、叔父が南洋材（東南アジア産の木材）の買い付けのためにフィリピンやマレーシア、パプアニューギニアへと足を運んでいた。叔父の土産話は面白く、とくに動物の話は私の興味を惹（ひ）いた。熱帯雨林にはいろんな生き物がいるんだなぁ。当時の私は、「熱帯雨林は野生動物の楽園」とイメージしており、ボルネオ島は憧れの場所の一つであった。おそらく、多くの人も当時の私と同じようなイメージをもっているのではないだろうか。しかし、大学院博士課程ではじめて訪れたボルネオ島のマレーシア・サバ州は、子供の頃に思い描いていた「イメージ」とは大きく異なっていた。州西部コタキナバル国際空港から州東部のラハダツへ行くセスナ機から見えた緑の大地は、熱帯雨林ではなく、広大なアブラヤシのプランテーションだった。そのプランテーションがどれだけの規模なのか、それは長距離バスに乗ったときに改めて実感した。車窓からの眺めが一向に変わらず、造成中の赤色土壌がむき出しになった無残な光景も何度も目にした。憧れをもって訪れたボルネオ島のウェルカム・ビューは、まさに「生息地の消失」という現実だった。

大規模開発が野生動物の生息地を奪うことは間違いない。しかしそれは、われわれの日常生活において必要であり、恩恵を享受する立場にある者として全否定できない。また、開発に関わった企業の中には、野生動物の生息地を考慮した開発や管理を試みたり、残された野生動物の生息地の保全や管理、そのための若い世代の雇用や教育に収益の一部を還元したりするケースも少なくない。悪くいえば免罪符的な活動なのかもしれないが、地域に還元されること、さらにそれが継続されることは意義がある。

次の二つの項目では、大規模開発で知られるアブラヤシとパルプを対象としたプランテーションを取り上げ、その現状と日本との関わりを紹介する。

アブラヤシ・プランテーション

「アブラヤシ」という言葉を耳にしたことがあるだろうか。アブラヤシは食料品や植物性洗剤といった、さまざまな製品の原料となるパーム油を採るために大規模に栽培されている。以前はパーム油を原料とした洗剤が「地球にやさしい洗剤」として宣伝されていたが、現場の惨状を指摘され、今では聞かなくなった。生産者の側面からは安定して高い収穫量があること、消費者の側面からは価格が安いことや食品の風味を変えないなどの利点があり、パーム油の需要は高い。アブラヤシは本来アフリカ原産であるが、現在、マレーシアとインドネシア産のものがヤシ油の国際市場の八割以上を占めている。これは気候的(台風がない)にも政情的にも比較的安定していることによる。私たちの生活には欠かせないパーム油であるが、問題点について知っておくべきであろう。

本章扉の写真は、アブラヤシ・プランテーションと森の境界部分をヘリコプターから撮影したものである。プランテーションの開発のためには、森林を皆伐する必要があり、その後、材にならない植生を除去するために火を放つこともしばしば見受けられる。アブラヤシ・プランテーションに入ると、インドネシアからの出稼ぎ労働者が、二〜三メートルある長い鎌を使ってアブラヤシの木の上部に結実した赤色の房(図1-6b)を刈り取る姿や、道路わきにある刈り取られた実をトラクターで回収する姿、さらには、収穫された実を満載したトラックが砂埃を巻き上げながら猛スピードで走り去る光景などを目にするだろう(図1-6c)。アブラヤシは酸化すると質が低下するため、二四時間以内に敷地内に建てられた搾油施設へと運ばれる。広大なアブラヤシ・プランテーションの中に、煙突からモクモクと煙をあげる施設を時折見かけるが、それが搾油場である。アブ

図1－6　アブラヤシ・プランテーション

a：アブラヤシ・プランテーションに侵入するアジアゾウの群。b：アブラヤシの房。c：アブラヤシの房を満載したトラック。d：植え付け後間もないアブラヤシ・プランテーション。

ラヤシは、植え付けから三年を過ぎると収穫が可能で、二〇年を過ぎると実の生産性が低下するため、伐採・再植え付けが行われる（図1－6d）。

野生動物にとって、アブラヤシ・プランテーションは百害あって一利なしと思われがちだが、実は新たな採食場所となるため問題となっている（図1－6a）。収穫されたアブラヤシの実、あるいは植え付け後間もない若いアブラヤシの新芽を目的として、野生動物が本来の生息地である森林からプランテーションに侵入し、人との軋轢を生んでいるのである。マレー半島やスマトラ島のアブラヤシ・プランテーションにおいて、アブラヤシにダメージを与える野生動物を調べた結果、上位三種は、アジアゾウ、イノシシ、そしてヤマアラシであった。その中でもアジアゾウによるダメージは全体の五割前後を占めていたという（Sukumar, 2003）。

二〇一三年、サバ州のアブラヤシ・プランテーションで、アジアゾウ一〇頭が死亡しているのが見つかった。真相は明らかにされていないが、以前からプランテーションにダメージを与え続けていた集団に対して、ほかの生息地への移送などの対策がなされなかったために、プランテーション側が報復として毒殺したともいわれている。そのような悲惨な事件が起きていることは事実であるが、このような問題に対して手をこまねいているわけではない。二〇一四年頃から、サバ州中央部に位置するテルピッド周辺のアブラヤシ・プランテーションで、植え付けられた新芽を食べるためにアジアゾウの群れが出没するようになった。これに対して、二〇一五年三月一二日までにアジアゾウ四頭（メス三頭、オス一頭）が捕獲され、おのおのにGPS首輪を装着、最寄りの森林であるデラマコット商業林（第2章参照）へ移送・リリースされたあと、モニタリングが行われている。

デラマコットに向かう途中のプランテーションでもアブラヤシが老齢期を迎えたため、二〇一四年末から皆伐、実生が植え付けられた。植え付け地へのアジアゾウの侵入を防ぐため、二〇一五年三月、景観は一変し電気柵が張り巡らされていた。

プランテーションの労働者は、進入してくる野生動物を食べるために捕獲しようとククリワナを仕掛けることがよくある。そこで問題となるのが、ククリワナがアジアゾウのコドモの足首にかかってしまうことである。アジアゾウの足にかかったロープは、成長とともに足に食い込み化膿し、最終的には歩けなくなり死に至るケースも少なくない。以前私は、サバ州最長河川キナバタガン川上流域のマルア商業林での調査中、足にククリワナのロープが食い込んだ若いアジアゾウに遭遇したことがある。その個体の足首周辺は膿んで腫れ上がって痛々しく、化膿した足をかばいながら森の中へよたよたと消えて行った。後日、野生生物局に遭遇地点の位置情報を提供したものの、車道から森に入ってしまうと見つけるのは至難の業である。

また、アブラヤシ・プランテーションが周辺生態系に与える影響は大きい。熱帯地域特有の激しい降雨は、プランテーションのむき出しの土壌を叩きつけ、表層土壌を含む雨水は一気に川へ、そして海へと注ぎこむ。サバ州の最長河川であるキナバタガン川を見ると一目瞭然で、ミルクティー色に懸濁している。この水の濁りによって、日光が水中に届きにくくなるため、一次生産の低下が懸念されている。さらに、農薬の乱用も問題視されている。幹や葉には殺虫剤、下草には除草剤が散布され、さきほど同様、それら化学物質は雨により表層土壌とともに河川へと流れ込む。さらに、搾油や加工過程における廃油などの残渣（さ）による環境汚染も報告されている。また、プランテーション内部で生活する人々への影響としては、低賃金、農薬被害、児童労働、そして不法就労などの労働問題が深刻である。プランテーション周辺で生活する人々への影響としては、地元住民の慣習的な土地利用権を侵害、森に依存する先住民の経済や文化に影響を与えるだけでなく、汚染による健康被害などもある。

このような問題を改善するために、「持続可能なパーム油のための円卓会議（Roundtable on Sustainable Palm Oil：RSPO［http://www.rspo.org/］）」は、八つの原則と三九の基準により認証の可否を評価している。具体的には、透明性の確保、環境に対する責任と自然資源・生物多様性への配慮、労働者と影響を受ける周辺地域に対する責任ある対応、新規プランテーション開発時には、環境・社会アセスメントの実施や土地権利の配慮といった責任ある開発などがあげられる。ただし、開発に際して、川岸の保護林設置の基準が五メートルと緩く、野生動物を考慮する場合は、より厳しい基準が必要である（たとえば第2章で紹介するFSCでは三〇メートルを基準としている）。理想と現実とのギャップは大きいと思われるが、RSPO認証制度の内容改善とその普及により、現況がよりよいものになることを期待したい。日々、アブラヤシ由来商品に囲まれた生活を送るわれわれ日本人にとって、この問題は決して他人事ではない。最近では、企業はもちろん、一般の人々の中でも関心が芽生えてきていることは確かであり、「関心をもつこと」が問題解決の第一歩である。

パルプ・プランテーション

植物油脂の原料として世界中でアブラヤシの需要が高まり、インドネシアやマレーシアでプランテーション開発が進められていることを紹介した。日本が東南アジアから輸入しているものはさまざまであるが、丸太やパーム油に加えて、意外と知られていないのが、紙類はもちろん、セロハンやレーヨンなどの原料となる「パルプ」である。二〇一二年にパルプ生産に利用されたチップのうち、輸入チップは六七％を占め、国産チップ（三三％）の二倍にあたる。さらに針葉樹と広葉樹別に見ると、広葉樹チップの利用割合は六三％を占め、そのうち輸入は八八％と大部分を占めており、国内生産の割合は一二％と低い。広葉樹チップで国産材の割合が低いのは、海外からユーカリやアカシアなどの早生樹造林木から生産されたチップの輸入が増加していることによる（林野庁、二〇一三）。

マレーシア・サバ州での大規模なパルプ・プランテーション開発は一九七四年頃から始まった。Sabah Softwoods Sdn. Bhd.（ＳＳＳＢ）や Sabah Forestry Development Authority（ＳＡＦＯＤＡ）、Sabah Forest Industries（ＳＦＩ）が主要な組織で、これらはもともと政府あるいは準政府企業だったが、現在は民営化されている。ここでは、サバ州森林局が管轄し、ＳＦＩが事業を進めているシピタンの大規模パルプ・プランテーションについて紹介する。このプランテーションは、サバ州東南部に位置し、南に向かって標高があがり、同国のサラワク州との州境に近い。パルプ・プランテーションに入ると木肌がウロコ状のアブラヤシのような独特な雰囲気はないが、殺伐とした風景が広がる（図１－７ａ）。途中、伐採木を豪快に引きずりながら運ぶトラックとすれ違った（図１－７ｂ）。これを丸太に加工したものが製紙工場へと運ばれる（図１－７ｃ）。

広大な伐採跡地では、オレンジ色のユニホームを着た作業員が苗を植えていた。彼らの多くはネパールからの出稼ぎ労働者だという。殺風景な中にいる彼らは遠くからでも非常に目立っていた。また、皆伐地ではもう一つ目立つものがあった。イチジクの立木である。朝霧の中、荒廃地にポツンポツンと残された立木は異様にさえ感じた。イチジクの木を伐らない理由は二つあるという。一つはイチジクの木は一年を通じて個体ごとに結実（周年結実）するために、野生動物の重要な食物資源になるためという科学的なものである（このような生態系を維持するうえで重要な働きをもつ種は「キーストーン種」という）。もう一つは、精霊が宿る木のため伐ってはいけないという信仰によるものである。イチジク類の中でも「絞め殺しイチジク」と呼ばれている種類が存在し、立木はそれに相当する。それは発芽から成木に成長する過程がユニークで、動物によって樹上で散布された種子は、発芽して根を地上に伸ばし、その後根は肥大生長して互いに融合、もとの木を締めつけ枯死させ最終的にはもとの木と入れ替わってしまう。もとの木をゆっくりと飲み込んで行く様は、信仰の対象となることが十分理解できる。

図1-7　パルプ・プランテーション
a：パルプ・プランテーション開発。イチジクの木だけが残される。b：切り出されたばかりのパルプ用原木。c：工場へ運ばれる切りそろえられた原木。

パルプ用樹種としては一般的に、早生樹造林木であるマメ科のアカシア(*Acacia mangium*)とフトモモ科のユーカリ(*Eucalyptus deglupta*)がおもに利用されている。これらは本来、オーストラリアを中心とした分布域をもつ。近年、さまざまな土壌条件でも生育可能で、乾燥や害虫、病気に耐性のある雑種アカシア(*A. mangium* と *A. auriculiformis*)の利用が急速に増加しているようだ。ちなみに、二〇〇六年に植樹された樹種のうち、もっとも高い割合を占めたのはアカシア(四〇%)とゴムの木 *Hevea brasiliensis*(三五%)で、この二種が全体の七五%を占めている(Fah et al., 2008)。また、一九九三年から二〇〇五年におけるサバ州のプランテーション由来の木材輸出先上位国は、一位が台湾、二位、三位が韓国と日本で、全体の九割近く(八八%)を占めており、日本と関わりの深いことがわかる。

コラム3　カメラトラップとテレメトリー

カメラトラップは、赤外線センサーが内蔵されたカメラで、動物が発する熱(赤外線)を感知すると、自動でシャッターを切ってくれる便利なツールである(自動撮影カメラあるいはセンサーカメラともいう:図③)。今では、静止画だけでなく、高画質なHD(High Definition)動画が撮れるビデオモードもあり、行動観察にも用いられている。カメラは、ケモノ道や水場、塩場(第2章参照)などの動物がよく利用する場所に設置する。落下果実などのエサで誘引する場合もある。カメラトラップを利用することで、二四時間体制かつ長期間での定点観測が可能となり、種類(どんな動物がいるのか）、活動時間（いつ活動しているのか）、分布（どこにいるのか）、群れサイズ（何頭ぐらいで活動しているのか）、密度（その地域に何頭ぐらいいるのか：ただしトラやヒョウなどの外貌から個体識別できる種）なども把握できる。とはいえ、定点での観測であることから、そのデータのみに頼るのは危険である。たとえば、種によっては撮影されないから「いない」とはいえず、樹上で過ごしている可能性もあるだろう。いずれにせよ、その地域の哺乳類相を把握したい場合は、捕獲や直接観察などのほかの手法を組み合わせることが大事である。

カメラトラップは定点観測には非常に有力なツールの一つである。カメラの台数を増やせば面データとして扱うこともできる。しかし、より効果的な情報は、個体の行動を連続して追跡することである。それを可能にするのが、テレメトリーである。捕獲個体にＶＨＦ発信機（三〇から三〇〇メガヘルツの超短波を発する小型無線機：図④）を装着（哺乳類の場合は首輪式が多い）して、解放後に八木アンテナと受信機を使って測位・追跡するＶＨＦテレメトリーと、衛星を利用して測位するＧＰＳテレメトリーがある。どちらも動物の行動、雌雄個体の昼夜の活動パターン（活動日周期）や居場所（環境利用）、季節による移動の有無などを詳細に把握でき、測位データが蓄積すれば「行動圏（home range）をどのように利用しているのか」を詳細に把握することができる。

図③　カメラトラップ

ＧＰＳテレメトリーは、ＶＨＦテレメトリーに比べて桁違いに高額だが、設定した時刻に自動で測位し、急峻あるいは複雑な地形といった、現場に入るのが困難な環境でもデータが取れるなど、調査効率を格段にあげることができるというメリットがある。ＶＨＦテレメトリーは三点から測位して、シグナル方向の交点あるいは一点で交わらない場合（むしろ一点で交わることは少ない）は三角形の重心を追跡個体の居場所と考える。発信機のシグナルは地形の影響を受けるため、谷などの反射しやすい場所での測位では注意が必要である。さらに、樹洞などの遮蔽物の中ではシグナルを受信することができない場合がある。博士課程の頃、私はボルネオ島の熱帯雨林でＶＨＦテレメトリーによりマメジカの環境利用を調べたが、相手の行動が読めるようになり、それによって直接観察も可能になる有力なツールであることを実感した（Matsubayasi et al., 2003)。

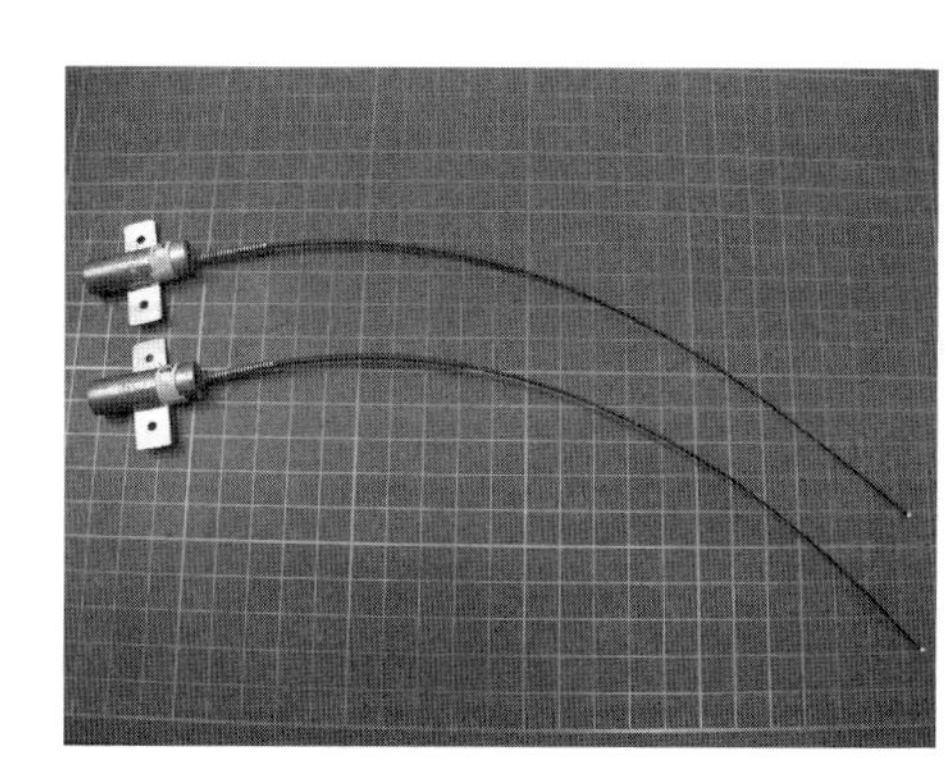

図④　センザンコウ用のVHF発信機

外来種

人によってもち込まれた外来種が在来種に与える影響はさまざまであるが、とくに問題となるのは、在来種の捕食や競合、近縁種間の交雑による遺伝的攪乱、そして感染症である。東南アジアの熱帯雨林において、外来種の影響をはじめて報告したのは、シンガポール国立大学のジョン・ハリソンさんである（Harrison, 1968）。彼は、原生林や二次林、低木林、草原などにおける外来ネズミの侵入状況を調べた結果、原生林のような種多様性の高い生態系には外来種のネズミが侵入しにくいことを示した。この結果は、種多様性を維持することの意義としてよく引用される。

また近年、熱帯雨林で問題になっているのは、野犬である（Lacerda et al., 2009; Young et al., 2011）。野生化したイヌが森林に侵入することで、先にあげた問題、すなわち野生動物の捕食や競合、とくにイヌ科どうしの交雑、感染症の危険性が高まる。二〇一〇年、絶滅危惧動物であるセンザンコウの生息状況を調べるために、コタキナバル市内にあるサバ大学の裏山とサンダカンにあるセピロクの保護林にカメラトラップを設置したことがある（第5章参照）。結果は、両調査地どちらでもセンザンコウを確認し本種の環境適応性の高さを認識した一方で、驚いたのは野犬の多さだった。多くの希少種も生息する保護林のセピロクでの野犬確認には危機感を抱いたが、さらに、サバ大学の裏山ではセピロクの一四倍もの高さで野犬が撮影されたのである。裏山には、センザンコウ以外にマメジカなどの野生動物が生息しているが、これらが野犬のエサ資源の一つになっていることは間違いない。開発や乱獲ではなく、野犬によって野生動物の地域個体群の存続が脅かされている現状を垣間見ることができた。サバ州での野犬の管理には殺処分が取られているが、今のところ人間の居住区周辺に限られ、野生動物の生息地における問題把握や対策はこれからの課題である。

三　ボルネオ島の野生動物

ボルネオ島の動物相の形成

現在、地球上に生息する陸棲哺乳類は、二つの地域を結ぶ陸の橋（陸橋：land bridge）を渡って、分布域を広げていった。この陸橋は、今より海水面が一〇〇メートル以上低かった氷河時代、大陸棚が海面に現れたものである。よく知られているものにアジア大陸と北米を結んでいた「ベーリンジア」がある。ベーリンジアを渡って、人間をはじめ、さまざまな動物が北米へと移動していった。しかし、移動の過程で遭遇する、大河や砂漠などの地理的な障壁、温暖地から寒冷地などの気候的な障壁、そして競合や捕食といった生物学的な障壁という、いわゆる「フィルター（ある種は通過できるが、ある種は通過できない）」によって、行く手を阻まれたものも数多くいた。また、この陸橋以外にも、あるものは台風で生じた流木などに乗っての漂着というまったくの偶然、あるものは人間の移動に伴ってもち込まれ、フィルターを経て今に至る。

氷河時代における東南アジア地域の陸橋といえば「スンダランド（Sunda Land）」である（図1-8）。スンダランドは、東南アジア大陸部分とスマトラ島、ジャワ島、そしてボルネオ島を含む陸地から形成されていた。そして、多くの動物が東南アジア大陸からスンダランド東南部へと移動した。そのため、現在のマレー半島やスマトラ島、ジャワ島、ボルネオ島は比較的共通種が多い。しかし、ボルネオ島は、その北部に東南アジア最高峰のキナバル山があったこと、氷河時代に森林性哺乳類

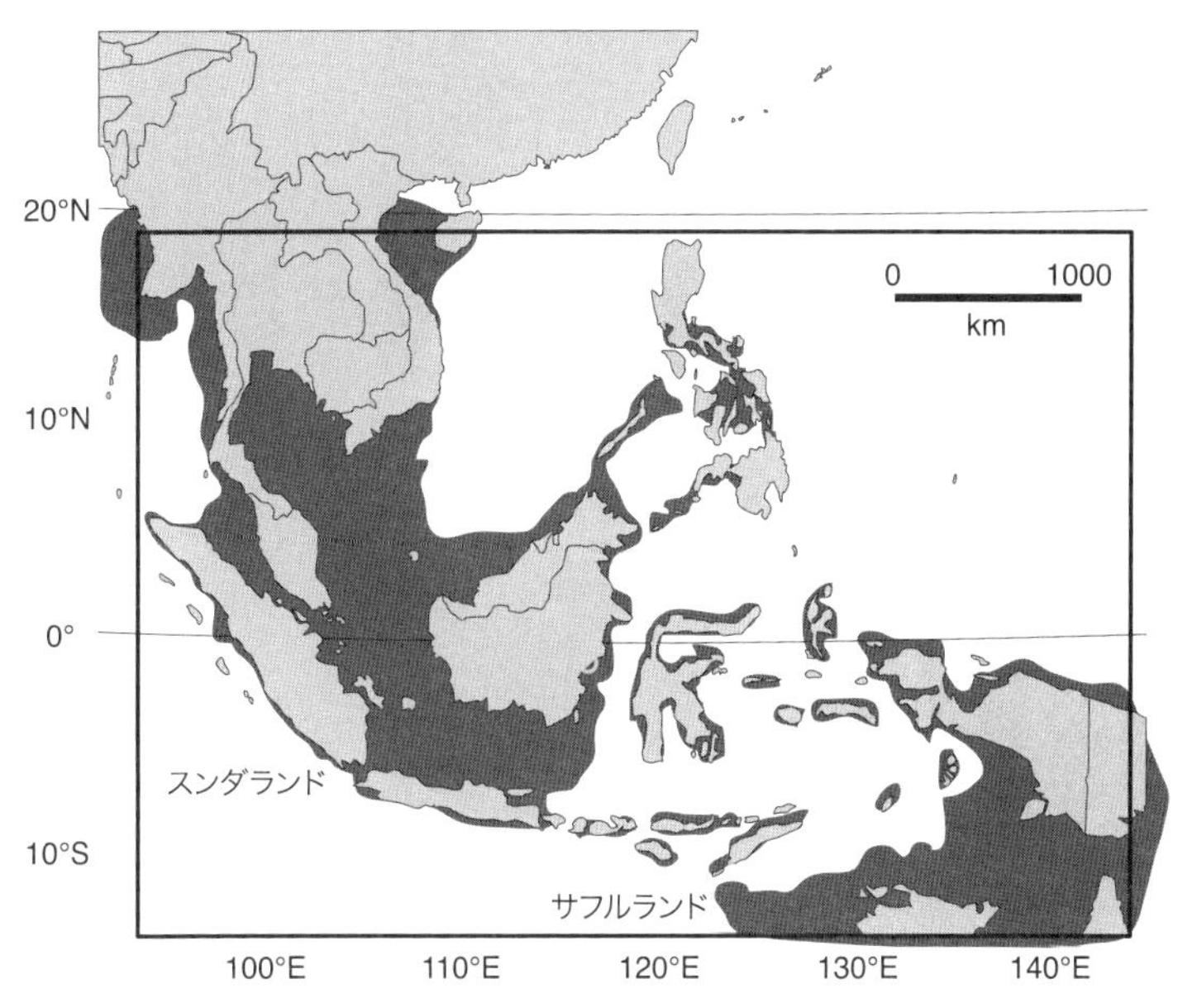

図1－8　氷河時代の海水面低下に伴って出現したスンダランドとサフルランド

の避難場所（レフュージア）となった熱帯雨林が存在したことから、スマトラ島やジャワ島とは異なるボルネオ島固有の種も発達した。また、ボルネオ島は降水量が多いために土壌栄養塩が洗い流され土壌は貧栄養である。それに対して、スマトラ島やジャワ島は、火山性土壌のため栄養塩に富む。この土壌栄養塩の違いが植物の一次生産に影響し、ボルネオ島では大型哺乳類の食物資源が制限されたために動物の密度が低く、トラやバクなどの大型哺乳類が絶滅したと考える研究者もいる。

表1－1は、スマトラ島、ジャワ島、そしてボルネオ島における大型哺乳類の地域的な絶滅状況を示したものである（厳密には、地域ごとに別種として扱われるようになった種もいるが、お

表1－1　ボルネオ島、スマトラ島、ジャワ島の絶滅種と絶滅危惧種

動物種	ボルネオ島	スマトラ島	ジャワ島
オランウータン	絶滅危惧	絶滅危惧	**絶滅**
フクロテナガザル	—	絶滅危惧	**絶滅**
トラ	**絶滅**	絶滅危惧	**絶滅**
マレーグマ	絶滅危惧	絶滅危惧	**絶滅**
ジャワサイ	**絶滅**	**絶滅**	絶滅危惧
スマトラサイ	絶滅危惧	絶滅危惧	—
マレーバク	**絶滅**	絶滅危惧	**絶滅**
バンテン	絶滅危惧	**絶滅**	絶滅危惧
アジアゾウ	絶滅危惧	絶滅危惧	**絶滅**

およその状況はつかむことができる）。この三つの島の中でも、インドネシアの首都ジャカルタが位置するジャワ島での絶滅が目立つ。これらは過去数千年の間に生じているが、その要因は乱獲と生息地の開発である。

本章の最後に、ボルネオ島で絶滅が危惧されている植食種のスマトラサイと肉食種のボルネオウンピョウ、さらにボルネオ島固有種であるホースシベットについて紹介したい。

【絶滅危惧動物ファイル③】スマトラサイ

スマトラサイ（*Dicerorhinus sumatrensis*：CR）は、世界最小のサイである。ただし、最小といっても体重は八〇〇～一〇〇〇キログラム、体高一・三メートルほど、頭胴長（頭の先から尾の付け根まで）二・五メートルほどある。東南アジアに生息するサイ科二種のうちの一種で、先に紹介したジャワサイは一角だが、スマトラサイは二本の角をもち、体毛が長いという特徴がある（口絵②）。単独生活者で、食性は木の葉を選択的に採食するブラウザーで、枝葉を巻き込んで採食できるよう上唇がとがった形をしている。

スマトラサイの分布は、マレー半島、スマトラ島、そしてボルネオ島と広いものの、森林は開発によって縮小・分断化され、実際の生息地は非常に限られている。二〇一一年の報告によると、おもな生息地は少なくとも八カ所把握されている。半島マレーシアの三カ所（ロイヤルブルム州立公園、タマンネガラ国立公園、エンダウ・ロンピン国立公園）、インドネシア・スマトラ島の三カ所（ワイカンバス国立公園、ブキッ・バリサン・セラタン国立公園、グヌンレウセル国立公園）、そしてボルネオ島の二カ所（ダヌムバレー自然保護区、タビン野生生物保護区）である。サイの角は、人の爪などと同じケラチンタンパク質という、ごく当たり前の成分しか含まれないにもかかわらず、漢方薬として高額で取引されるため密猟が絶えない。スマトラサイも例にもれず、どの生息地も野生個体がかろうじて存続している状況で、全体でも二五〇頭を下回ると推定されている。

ボルネオ島においてスマトラサイは、マレーシア領のサバ州に分布し、ほかの地域個体群は絶滅したと考えられている（二〇一四年インドネシア領の東カリマンタンでも再発見されているが、詳細は不明である）。しかしそのサバ州でも、生息地となる低地の熱帯雨林の多くはアブラヤシのプランテーションに転換され、数頭ずつが孤立した森林に分布している状況である。二〇〇八年には二キロメートル四方の孤立林からアブラヤシ・プランテーションへ出てきた成熟オスが、二〇一一年にはタビン野生生物保護区（以下、タビン：「はじめに」の地図参照）において成熟メスが捕獲されている。どちらの保護個体にも前足にククリワナの痕が残っており、タビンでの捕獲個体は左前足の先が失われていた。また、二〇一四年にはダヌムバレーで成熟メスが捕獲され妊娠個体と思われたが、のちに腫瘍であることが判明した。

ところで、個体数の少ないスマトラサイを、いったいどのようにして捕獲するのであろうか。ちょっと信じがたいかもしれないが、サバ州では落とし穴が使われている。NGOの一つBORA(Borneo Rhino Alliance の略称：http://www.borneorhinoalliance.org/)の現場スタッフらの地道なフィールド調査からスマトラサイが利用する道が探し出され、そこに落とし穴が掘られる。落ちた際に怪我をする可能性もあるため、細心の注意が払われる。意外なことに、二〇〇八年あるいは二〇一一年の捕獲個体の写真を見ると、捕獲個体は、スタッフに体を触られても警戒する様子もなく、まるでペットのように扱われていた。もちろん、サイの行動を熟知したベテランのスタッフが対応するのであるが、ほかの野生動物では考えられない行動である。このような低い警戒心も絶滅の危機に追い込まれやすい種の特徴の一つなのだろう。

野生個体数が減少してきた場合、野生個体を捕獲・飼育して繁殖させるという対策が取られる(飼育繁殖計画、第5章参照)。IUCNは、野生集団が一〇〇〇頭を下回るような場合には飼育集団の確立を推奨している。しかし現実は厳しく、多くの場合は、より小さな集団になってから対策が講じられる。二〇一五年、世界中で飼育されているスマトラサイは九頭にすぎない。国別に見ると、マレーシア三頭(成熟オス一頭と成熟メス二頭)、インドネシア五頭(成熟オス一頭と成熟メス三頭、コドモ一頭)、そしてアメリカ一頭(若いオス)である(ハミドさん私信)。アメリカの個体は、もともとインドネシア由来で、インドネシアのオスはアメリカからの逆輸入個体である。

アメリカ(シンシナティー動物園)では、二〇〇一年、二〇〇四年、そして二〇〇七年の三回、インドネシアにおいては二〇一二年に繁殖に成功しているが、マレーシアではまだである。マレーシアの三頭は、サバ州東部のタビンで飼育されている。メス二頭は、卵子はあるものの子宮に問題があるため人工繁殖は難しい。インドネシアの個体を借腹にすることも検討したようだが、インドネシア側には受け入れてもらえないようだ。現在、サバ州内の森に生息するスマトラサイは一〇頭以下であると考えられており、その将来は決して明るくない。関心の低さが原因となって対応が遅れたスマトラサイの事例を教訓としながら、ほかの絶滅危惧動物では早急な対応が求められる。

【絶滅危惧動物ファイル④】ボルネオウンピョウ

ボルネオウンピョウ（*Neofelis diardi borneensis*：EN、以下、ウンピョウ）はボルネオ島最大のネコ科である。その名のとおり、体表に雲のような斑をもつ。この斑のサイズやパターンは個体によって異なるため個体識別に用いられる。さらに、地域によっても特徴が異なる。マレー語でウンピョウはHarimau Dahan（木の枝にいるトラ）と呼ばれるが、ボルネオ最大のネコ科といっても体重は二〇キログラム前後の中型犬サイズで、名前は外貌ではなく生態に由来している。

従来ウンピョウは、アジア大陸、スマトラ島、ボルネオ島の三地域で一つの種*Neofelis nebulosa*として扱われていた。しかし二〇〇六から二〇〇七年にかけて、体の斑模様や染色体、さらにはDNAの解析の結果、地域により種レベルで異なることが判明し、アジア大陸とスマトラ島・ボルネオ島の集団は別種の大陸ウンピョウ（*Neofelis nebulosa*）とスンダウンピョウ（Sunda clouded leopard：*Neofelis diardi*）に、さらにスマトラ島とボルネオ島の集団は別の亜種、スマトラウンピョウ（*N. d. diardi*）とボルネオウンピョウ（*N. d. borneensis*）と分類されるようになった（Wilting et

図1-9　保護されたボルネオウンピョウ

al., 2007, 2011)。

ボルネオ島において、ウンピョウの天敵は強いていえば人間ぐらいである。そのため、森でもほかの動物なら一目散に逃げるところ、彼らは実に悠々としている。それがあだとなり、密猟者に簡単に捕獲されてしまう。また、家畜や家禽（きん）を狙って集落に出てきたりすることがある。以前、セピロク・オランウータン・リハビリテーションセンターに運び込まれたウンピョウは集落で保護された個体だった（図1-9）。体サイズは大きくないものの、その唸り声の迫力は今でも覚えている。

【絶滅危惧動物ファイル⑤】ホースシベット

ホースシベット（*Diplogale hosei*：VU）はボルネオ島固有のジャコウネコである。体色は全体的に黒っぽいが、腹部から首、口周辺が白く、鼻先は肌色をしている。当時、サバ州内で本種が確認されていたのは、州西部の山岳地域であるキナ

図1－10　カメラトラップで撮影されたホースシベット

バル山一カ所とキナバルから南にのびる尾根クロッカー山脈二カ所、そして州中央部のマリアウベースン一カ所の計四カ所にすぎなかった。本種は、ほかのジャコウネコ類と比べても情報量が極端に少ない。本種の食性については、一九九七年にブルネイの標高一五〇〇メートル地点で捕獲された成熟メス一個体の二カ月半にわたる飼育報告がある（Yasuma, 2004）。それによると、与えた餌の中で食べたのはエビ、小魚、鶏肉、そしてランチョンミートなどの肉類で、バナナなどの果実には興味を示さなかったという。また、夜行性かつ地上性（木に登ることはなかった）であり、夜間は渓流周辺で小魚をはじめとする小動物を採食し、昼間は中空になった木の根の洞や岩穴などで休息していると考えられている。

二〇一一年六月、インバックキャニオン（「はじめに」の地図参照）という保護林でサバ大学主催の動植物一斉調査があった。伐採が入っていないため、巨木が林立している貴重な森である。急峻な尾根に挟まれた細長い地形で伐採には向かないため、保護区に指定されたようにも見える。ベースキャンプの前には、川幅が一〇メートルほどのインバック川が流れ、その裏手は尾根に続く山道が通っていた。調査期間が一週間と短かったため、私は標高三〇〇メートル付近から六五〇メートルにかけて、およそ一五〇メートル間隔で一五台のカメラトラップを仕掛けた。少しでも撮影効率を上げたいと思い、カメラの前面に串刺しにしたバナナを吊り下げた。そして、急峻な狭い尾根を登り降りしながら見まわることを一週間繰り返した。乾季で動物の痕跡（足跡など）が残りにくいこともあり、日中はあまり動物の気配を感じなかったが、後日センサーカメラには一二種の中大型哺乳類が記録されていた。その中にホースシベットが写っていたのである（図1-10）。今回の確認地点は、標高五九二メートル、州内で最東部となった（Matsubayashi et al., 2011）。

翌二〇一二年、インバックキャニオンを管轄するサバ財団が中心となって、八〇台ものカメラトラップによる大がかりな動物相調査が行われた。調査努力量は一四三六カメラ日、私の七五カメラ日のおよそ二〇倍もある。しかしその調査では、なぜかホースシベットは確認されなかったのである。「動物運」もまた必要なのだろう。

※　※　※　※　※

本章では絶滅危惧種と絶滅要因の基本事項を整理しながら、ボルネオ島の野生動物とその生息地の現状について紹介した。野生動物の楽園のイメージがあるボルネオ島、しかしそこは生息地そのものが絶滅の危機に瀕している状態である。サバ州の森林地図を見たとき、誰もが気付くことがある。それは、少ない保護林と広大な面積を占める商業林である。野生動物にとって、商業林は貴重な生息地であり、事実、絶滅危惧動物をはじめたくさんの野生動物が生息している。次の第2章では、野生動物を考慮した商業林管理について紹介したい。

●サバ大学で働く（1）● ポスドク八年目の決意

二〇〇九年四月、私はポスドク生活八年目に突入しようとしていた。四月といえば、世の中は入学式や入社式といった不安と期待に満ちあふれた節目の時期である。しかし、当時三〇代後半の私は、二〇代の頃と変わらず、マレーシアと日本の間を行き来する生活を送っていた。現場では何事も前向き思考でフィールドワークを楽しめたが、帰国すると来年のことすらわからない現実に直面した。このギャップはかなり大きく、楽観的な私も不安にかられた。その一方で、これまでとは違う調査をしたいという思いもあった。

私のような外国人研究者は、政府に調査許可を申請する必要があり、一つの調査地での調査が基本で、その場所はたいてい決まっている。そのため、外国人研究者は広域調査をするのが難しい。それまで私は、学生の頃はセピロクやタビン、ポスドクの頃はデラマコットやマルアといった計四カ所の森で調査してきた。しかし、それらはサバ州の森林のほんの一部にすぎない。当然、多くの野生動物が、私が行ったことのない森にも生息している。私には、それをできるだけ観てみたいという希望があった。とくに希少種である野生ウシ、バンテン（第3章参照）については、その分布状況の把握すらままならない状況があったため、広域調査をしたいと思っていた。ボルネオ島で野生動物の研究を続けるには、どうしたらよいのだろうか。

ボルネオ島で研究を続ける方法にはいくつかある。一つ目は、これまでのようにプロジェクト研究員、あるいはJICA（国際協力機構）の専門家として雇われることである。これなら、一時的ではあるが、生活費と研究費が保証される。ただし、すべては雇い主次第であり、また、常にプロジェクトがあるとは限らない。二つ目は、自分で大きな研究費を当てることである。これは対象種の<ruby>ウケ</ruby>も重要で、アジアゾウやオランウータンならまだしも、野生ウシにお金を出す民間企業は今の日本にはないだろう。可能性があるとすれば国が実施している科学研究費補助金（科研費）である。しかしいずれの場合でも、もらえるのは研究費であり、生活費は別に稼ぐ必要がある。三つ目は、大学や研究所に就職して、生活費を保証されたうえで、他人のプロジェクトに関わるか、自分で研究費を取ってきてプロジェクトを立ち上げることである。これがもっとも理想的で私の目標である。しかし、日本の大学において、熱帯雨林で霊長類以外の野生動物を対象に研究が行える環境は少なく、まだまだ入り込むことは難しかった。

そんなある日、ふと思い浮かんだのが現地の大学、サバ大学だった。日本にこだわる必要はない。サバ大学に所属すれば、これまでの現場経験をフルに活かせることは間違いなく、広域調査もできるだろう。さっそくサバ大学のホームページを見ると、熱帯生物学保全研究所

(Institute for Tropical Biology and Conservation：以下、ＩＴＢＣ）に見覚えのある顔を見つける。学生の頃に一度だけ会ったことのあるアブドゥル・ハミドさんだった。サバ州で研究を始めた頃、修士課程を終えたばかりの彼を訪ねてアドバイスをもらったことがある。あのとき、初対面にもかかわらず「学位を取ったらこの大学で働きたい」と申し出て、「そのやる気は買おう」と笑われたことを思い出す。当時彼は講師だったが、所長に就任していたのである。あれからすでに一〇年以上も経っていたが、藁をもつかむ思いで連絡を取った。

数日後、返事がきた。

「ああ、マメジカの、覚えているよ。興味をもってくれてありがとう。履歴書と業績書を送ってもらえるかな」

門前払いされないのは可能性があるということ。私は急いで指示された書類を添付し、「サバ州でスマトラサイに次いで絶滅が危惧されている野生ウシ、バンテンは基礎情報が少な過ぎます。ぜひ、バンテンの生態と遺伝に関する基礎研究を行い、保全につなげたい」と返信した。

この「バンテン」かつ「遺伝」というのがキーワードだったようで、ハミドさんもその研究の必要性に同意してくれた。どうやらＩＴＢＣでは、遺伝分野で欠員が出ており、かつバンテンのプロジェクトを始めようとしていた矢先だったようで、タイミングはバッチリだった。私は修士課程までは分子生物学を専攻していたため、この道に足を踏み入れるまでは遠回りをしていたが、その経験が役に立ちそうである。さっそく妻に相談した。正直なところ妻も親も「そろそろ潮時じゃないか」

「ほかの道を考える必要もあるのでは」

そんなオーラを放ち始めていたところだったが、意外にも賛成してくれた。

「この人には、この道しかない」

すでにあきらめていたのかもしれない。いずれにせよ、マレーシアへの移住の合意は得られた。応募書類をハミドさん経由でサバ大学に提出してもらうと、書類審査はあっさり通過した。残るは面接である。

サバ大学は一九九四年に開学した比較的新しい大学で、日本の地方国立大学に相当する。一九九八年にハミドさんを訪ねた頃は、まだ仮校舎で、コタキナバル市街から離れた物寂しい場所にあった。一方、新キャンパスは、海辺から小高い丘にかけて広がり、ピンク色のモスクが印象的である。近くには商店や大型ショッピングコンプレックスやホテルもあり賑わっていた。そんな新しいキャンパスの中で、ITBCは南シナ海を見渡せる高台に位置している。そこからの眺めは素晴らしく、とくに夕日に染まった静かな海を、小舟がゆっくりと走る様には時間を忘れそうになる。そんな絶好のロケーションで仕事ができたらと思った。

二〇一〇年二月、学長面接が行われた。偶然、面接日がサバでの調査期間と重なったため、調査地に入る前に面接を受けることができた。面接会場周辺では、採用候補者が各所属予定のスタッフと一緒に緊張した面持ちで順番を待っていた。午前中に行うということで準備していたが、一向に呼ばれる気配がない。昼が過ぎた頃、面接会場の扉が開いた。ついに私の番かと背筋を正すと、これから面接官の昼食だという。私の前にはまだ何人もいるため、ゆっくり食事してきてよいといわれる。これがいわゆるサバタイム。こんなことでいちいち文句をいっていたら、とてもサバ大学では働けない。結局、面接を受けたのは一五時頃だった。

七、八人の面接官を前にして、やや緊張しながら椅子に腰かけた。聞かれた内容は「志望動機や大学への貢献の仕方」などごく一般的なものだった。正直私は英語よりもマレー語でのやり取りのほうが自然にできるので、当たり前のようにマレー語で答えた。面接官の周囲にはマレー語を話す日本人は珍しかったようで面白がられ、それが功を奏した。話は、これまでのサバでの経歴、「どうやって調査を始めたのか」、「どんな生活をしていたのか」というような質問になり、しまいには雑談じみてくる。ある男性面接官が真顔で質問してきた。

「森で猿人を見たことがありますか？　オランウータンやサルのことではありませんよ」

私も真顔で答える。

「以前、オラン・ペンデッ（Orang Pendek：マレー語で「背の低い人」の意だが、サバ州では未確認の猿人のこと）の話や見たという人に会ったことはあります。実際に見たという人は、動植物にくわしい方で、私の野帳に絵まで描いてくれました。しかし、そのヘタな絵を見て思わず吹き出してしまったため、彼は機嫌を損ねてしまいました」

和やかな雰囲気の中、最後にいいたいことはあるかと聞かれる。

「一〇年以上前、英語もマレー語も話せず、紹介状もない私を、サバの人たちは受け入れてくれました。これまでのフィールド経験を学生に還元し、野生動物と生息地保全に貢献したいです」

面接官たちは微笑んでいた。待ち時間が異様に長かった面接を無事終えることができた。面接に同席していたITBCの教員からも「オラン・ペンデッについて真顔で答えていたのが面白かった。あの雰囲気なら問題ない」といわれたが、すべてがゆっくりと進むサバ。結果を知らせるレターをいつ受け取れるのか不明である。しかし、日本での契約は三月で終わるため、職のない日本で待っていても仕方がないということで、レターの到着を待たずに動くことにした。見切り発車だがボルネオへの移住決定である。現地の友だちの協力を得て、帰国前に大学近くのアパートの賃貸契約まで済ませてしまった。

日本で使っていた生活用品の多くは、知り合いやリサイクルショップに引き取ってもらった。マレーシアに送るものは最低限に絞り、十数箱のダンボールのみを船便でサバ大学宛に送り、残った数箱分の写真・スライドや本、思い出の品などは実家に送った。いつ帰国するかもわからないため、住民票も海外転出の手続きを行った。手続きがすべて終わり、荷物が持参するスーツケースだけになった時には、日本に自分の居場所がなくなったという若干の寂しさと、身軽になっての新しい生活の幕開けというワクワク感が入り混じった。そして、はたしてサバ大学からの採用通知が無事に出るのだろうかという一抹の不安を抱えながら、二〇一〇年三月、成田空港を飛び立った。

第2章

生物多様性のホットスポット、塩場

—生息地保全と商業林管理—

デラマコット商業林の塩場を訪れたオランウータン

一　ボルネオ島の森と塩場（しおば）

生息地保全の鍵となる商業林管理

ボルネオ島の熱帯雨林は、地球上の生物多様性ホットスポットの一つであり、さまざまな生き物が生息している。その北部にあるマレーシア・サバ州は森林率が約六割と島内では比較的高い。その内訳は、森林局が管轄するPermanent Reserved Forests（直訳すると永久保存林だが、保護林ではなく、木材利用をする商業林も含まれる。以下、ＰＲＦ）が八八％、公園局が管轄する公園や野生生物局が管轄する野生生物サンクチュアリが七％、そして森林局管轄のもと民間が運営する木材プランテーション（パルプ）が五％である（Sabah Forestry Department, 2010：アブラヤシ・プランテーションは森林には含まれない）。

森林面積の約九割を占めるＰＲＦにおいて、その六割は商業林であり、完全保護林は二割にすぎない。ここでいう「商業林」とは、日本のスギやヒノキ林のような人の手によって植栽された人工林ではなく自然林を示している。要するに、伐ることができる森林のことを商業林と呼んでいる。多くの野生動物は高い割合を占める商業林に分布しているため、商業林の管理が適切に行われるか否かによって野生動物の将来が大きく左右されることは明らかである。また、完全保護林は、もともとは水源林管理のために守られてきたが、最近では、伐採歴のある商業林が完全保護林に格上げされるケースが増えてきている。これは、森林局の保全戦略の一つであり、商業林ステータスではアブラヤシ・プランテーションとして切り替えられるリスクがあるが、完全保護林ステータスでは、プランテーションへの切り替えが法律の上でも難しくなるという。

そのような状況の中、サバ州森林局が持続的な森林利用を行うモデル林として、データによる裏づけのある森林管理をめざしていたのが、デラマコット商業林であった。

デラマコット商業林（以下、デラマコット）は、サバ州のほぼ中央部、キナバタンガン川の上流域に位置し、総面積五万五〇〇〇ヘクタールの低地熱帯雨林である（「はじめに」の地図参照）。一九九七年、国際的な森林認証機関である森林管理協議会（Forest Stewardship Council：FSC）から熱帯雨林ではじめて認証された自然林商業林として知られている（二〇一五年三月現在、州内の五カ所の自然林がFSCの認証を受けている）。森林認証制度は、持続的な管理経営を行う森林を認証する制度であり、第三者機関が一定の基準によって対象とする森林の管理経営、とくに、（1）環境への配慮、（2）社会的な利益、（3）経済的に継続できるか否かなどについて評価する。そして、木材へのFSC認証ロゴマークのラベリングによって、認証された森林由来の製品であることを、消費者に保証する（https://jp.fsc.org/）。さまざまな認証制度がある中で、FSCは歴史があり認証取得のハードルが高い。

デラマコットは、十の原則と五六の基準によって厳しく管理されている。たとえば、伐採木の胸高直径は六〇から一二〇センチメートルの間で、六〇センチメートル未満は次世代の伐採対象木として、一二〇センチメートル以上は種子を供給する母樹として残される。森林全体は一三五の区画に分けられ、年間二、三区画での択伐を行えば四〇年ほどで最初の伐採区に戻り、その頃には六〇センチメートル以下だった次世代木は伐採可能な胸高直径に生長しているため、持続的な収穫が可能となる。さらに、伐採時は伐採木の周辺木や土壌への影響を極力小さくするような工夫も取られている。

動物への影響については「希少種が利用する地域や生物多様性の高い地域の保護区化」という義務が課されていたが、食物資源となるイチジクやドリアンなどの果実木は伐採しないようにする程度しか行われておらず、より具体的な対策が求められていた。そのため、森林局のスタッフからも「森の中のどんな場所を保護区にすればよいのか」という質問をたびたび受けていた。二〇〇三年当時、デラマコットでは動物の情報自体が少なく、とくに哺乳類についてはオランウータンやアジアゾウなどの大型希少種の目撃情報がある程度で、研究は行われていなかった。そこで、現場での必要性と私の興味から着目したのが「塩場（塩なめ場）」であった。

塩場（塩なめ場）

ナトリウム（塩）は、細胞内外の浸透圧維持や神経伝達、筋収縮、体の弱アルカリ性保持、小腸でのブドウ糖やアミノ酸といった栄養素の吸収補助など、動物にとって必要不可欠である。一方、植物にとってナトリウムは必須栄養素ではないため、植物中にあまり含まれていない。そのため、肉食性の動物であればエサ動物からナトリウムを摂取することが可能であるが、植食性の動物の場合は植物以外から積極的にナトリウムを得る必要がある。とりわけ熱帯雨林は、降水量が多く、大量の雨が土壌の栄養塩類（ミネラル類）を洗い流すため、ほかの地域と比べて土壌中の栄養塩類に乏しい。さらに、海から離れた内陸部は、沿岸部に比べてより深刻なナトリウム不足に陥っていると考えられる。それではいったい、内陸部の熱帯雨林に生息する植食性の哺乳類は、どのようにして不足するナトリウムを得ているのであろうか。

森の中にはナトリウムをはじめとするミネラル類に富んだ環境がある。そこは塩場（塩なめ場：英語では salt licks など）と呼ばれ、特定の湧水あるいは土壌をさす。南米アマゾンでは「サラオ」と呼ばれる塩場が知られており、バクやシカ、ペッカリーなどの有蹄類をはじめとする野生動物がよく訪れるという。また、塩場は野生動物にとって、ミネラル類の摂取の場としてだけでなく、解毒の場としての意義も報告されている。これは、植物中に含まれるアルカロイド類が動物にとっては有毒であるため、塩場で粘土質の土を食べることにより粘土粒子に毒として働く化合物を吸着させ、体外へ排出して解毒するというしくみである。ミネラル類の摂取やアルカロイド類の解毒、いずれの場合も、塩場は野生動物の生理機能を維持するうえで大事であることがわかるだろう。当時、熱帯地域での塩場研究といえば、中南米やアフリカで盛んであったが、東南アジアではほとんど行われていなかった。

サバ州には、少なくとも二つのタイプの塩場がある。一つはマッドボルケーノ（図2-1）、もう一つは塩泉である。マッドボルケーノのマッド（泥）は、粘土や頁岩（けつがん）（泥板岩）、泥灰土などからなり、新生代第三紀の海底堆積物が火山ガスとともに地上に噴出したものと考えられている。一方、

図2－1　タビン野生生物保護区の湧泥型の塩場（マッドボルケーノ）
ミネラルに富む泥が湧く。

塩泉は、地殻変動に伴って不透水層中にトラップされた海底堆積物を含む海水（化石海水）が、その後の侵食などにより地上に現れた場所である。そのため、川沿いや湧水地などの侵食されやすい地形に出現することが多い。

二　塩場の訪問者

塩場にカメラトラップを設置する

塩場調査を始めた頃、その場所を知るために、私はデラマコットのスタッフや周辺集落に住む村人に「動物が集まる場所」について聞いて歩いた。すると、現地の言葉（スンガイ語）でタガイ（Tagai）と呼ばれる場所に、サンバーという大型のシカが水を飲みにくるという。現場を見せてほしいとお願いしたが、シカを狩るための「狩場（猟場）」として利用しているため、場所を知られたくないようだった。しかし、顔見知りになるにつれて周囲の対応も徐々に変化し、タガイの情報をくわしく教えてくれるようになった。日本でのフィールドワーク同様、地元住民との人間関係の構築は調査を円滑に進めるうえで必要不可欠である。そうして村人に案内してもらった塩場は、洗面器ほどの小さな水溜りだった。想像していたよりも規模が小さいため、どうやって見つけたのか不思議に思う。普段は動物の足跡や糞尿の臭いが残っているためわかるが、訪れたのが雨上がり直後だったためわかりにくいということだった。いくつかのタガイを案内してもらったところ、たいていの場合、大きな岩が複数あること、近くを小川が流れていることなどの地形的な特徴があった。

タガイが塩場であるかどうかを確かめるため、タガイの水と小川の水のミネラル類濃度を調べた。その結果、タガイの水は小川の水に比べてミネラル類の濃度が高く、とくにナトリウムは一〇〇倍以上の値を示した。タガイは塩場なのである。

塩場であることを確認したあとは、本題の「どんな動物が塩場を訪問するのか?」を明らかにすることである。それを調べるために、塩場にカメラトラップを設置した(図2-2)。これにより、いつ、何が、どのくらい滞在し、どのくらいの頻度で訪問していたのかを知ることができる。当時、カメラトラップを利用した調査といえば、落下果実のあるエサ場やケモノ道などに設置することが多く、新たな設置場所に期待が高まった。

塩場は生物多様性のホットスポット

四カ所の塩場を対象としてカメラトラップによる定点観測を行った結果、中大型哺乳類二八種類を確認した（Matsubayashi et al., 2007）。この種数は、これまでにデラマコットで確認された中大型哺乳類四〇種（これは、直接観察、塩場以外のケモノ道に設置したカメラ、森林局スタッフへの聞き取り調査により確認された種数などを合わせた種数）の七割に相当する。撮影間隔二分の静止画像のため、塩場で水を飲んでいたのか、それとも通り過ぎただけなのか不明な場合もあるが、少なくとも塩場周辺の種多様性が高いことは明らかであった。また、撮影の頻度は種によって大きく異なっており、調査地では比較的ふつうに見られる大型のシカのサンバーやヒゲイノシシ（図2-

図2-2　デラマコットの湧水型の塩場（タガイ）
上：一見小さな水溜りだが、ミネラルに富む水がしみ出ている。下：塩場（スタッフが示す場所）を訪問する動物を撮影するためにカメラトラップを設置（右端の立木に固定）。

3）が著しく高かったが（口絵③）、同時にオランウータンやバンテン、アジアゾウも上位種に入った（図2－4）。このように個体数の少ない絶滅危惧動物が高い訪問頻度を示すことは、個体数密度だけでなく、種のミネラル要求量の高さも反映しているといえる。

また、訪問種を食性別に見た場合、当初は植食性哺乳類に偏って観察されると予想したが、ジャコウネコ類などの雑食性やベンガルヤマネコなどの肉食性の割合も高かった。肉食動物にはボルネ

図2－3　塩場を訪問したサンバー（上）とヒゲイノシシ（下）

オ島最大のネコ科であるウンピョウ（第1章参照）も含まれた。絶滅危惧動物であるウンピョウの撮影頻度は低いが、塩場周辺のケモノ道で足跡を確認することもあった。塩場訪問上位種であるサンバーやヒゲイノシシはコドモを連れて、あるいはネコほどの体サイズのマメジカや中型犬サイズのホエジカもよく訪問することを考えると、ウンピョウが塩場周辺を狩場として利用していることは想像に難くない。何より、塩場はわれわれ人間が、サンバーやイノシシの狩場として昔から利用

図2－4　塩場を訪問した大型絶滅危惧種3種
上：オランウータン。中：バンテン。下：アジアゾウ。

してきた環境でもある。森の中では点にすぎない塩場という小さな環境が、生物多様性のホットスポットになっているのである。

コラム4　人にとっての塩場

塩場の水を利用するのは野生動物だけではない。人間にとって塩場は、狩場としてだけでなく、大事なミネラル源でもあった。塩を入手するのが困難だった時代、塩場の水を使っていたという。ある日、その場所を訪れる機会に恵まれた。そこは道から少し離れた開けた場所で、アジアゾウやサンバーの糞がいくつも転がっていた。湧水部分には土砂の流入を防ぐために中空の鉄木（テツボク）が打ち込まれており、鉄木をのぞくと気泡がポコッ、ポコッと上がってくるのが見える。昔の人は、竹の水筒を肩にかけて塩場を訪れ、もち帰った塩場の水を、そのままの状態あるいは加熱して残った結晶を料理に使っていたという。ある塩場から汲んだ水五〇〇ミリリットルを鍋で煮詰めたところ、小さじ一杯弱の結晶を得ることができた（図①）。味は苦味のある塩辛

図①　塩場の水 500 ml を加熱すると小さじ 1 杯ほどの結晶が得られた

さだった。

ちなみに、塩場のない地域で生活する人々の塩分の摂取方法が、鈴木継美著『パプアニューギニアの食生活』(中公新書、一九九一年)の中の「塩なし文化」で書かれている。現地の言葉で「塩」に相当する単語を聞き取り調査し、ビラ(bila)という食用にする植物の灰があることを突き止めた。そのもととなる木は少なくとも二種あり、*Melalecuca* sp. と *Acacia mangium* というそれほど珍しくない樹種であったという。塩分のもとになる木が身近にあることは意外であった。

三　塩場とオランウータン

意外な訪問者オランウータン

塩場の上位訪問種として意外だったのはオランウータンである(口絵④)。オランウータンは樹上性で、積極的に地上利用しないと考えられていた。そこで、ボルネオ島のオランウータン研究をリードしているマーク・アンクリナッツさんに塩場で水を飲むオランウータンの写真を見せて聞いてみたが、首を傾げて黙り込んでしまった。ほかの研究者からは、この行動はデラマコットのオランウータンに限られたものではないかという指摘も受けた。結局、「ふつうに見られる行動ではない」というのが、オランウータン研究者の共通認識のようだった。

オランウータンはほかの動物同様、採食やさまざまな行動において地域性を示す。そこで、ほかの場所の塩場でもオランウータンが現れるかどうか確認することにした。比較調査地には、デラマコットと同程度オランウータンが生息し、デラマコットの集団とは交流がない集団を選ぶ必要がある。オランウータンは泳ぎが苦手なため、キナバタガン川両岸の森林に生息するオランウータン集団間においては、川が障壁（バリアー）となり遺伝的な交流がほとんどないことが報告されていた。そこで、比較調査地には、キナバタガン川をはさんでデラマコットの対岸に位置しているマルア商業林（以下、マルア：「はじめに」の地図参照）を選んだ。二〇〇八年、マルアスタッフの協力を得ながら、デラマコットと同様の調査を行った結果、やはりオランウータンが上位訪問者に入った。このことから、少なくともサバ州においては、オランウータンによる塩場訪問は普遍的な行動であることを示すことができたのである（松林、二〇〇九；Matsubayashi & Lagan, 2014）。

「オランウータンは一生のほとんどを木の上で過ごす樹上生活者である」。多くの人は、そう思っていただろう。以前は私自身も当たり前のこととして受け入れていた。しかし、塩場でのカメラトラップ調査から、オランウータンが塩場の上位訪問者であることが判明し、樹上だけが彼らの生活の場所ではないことを知った。いったい、オランウータンは塩場をどのように利用しているのだろうか。カメラトラップを継続することで、よりくわしく調べることにした。

目的は塩だけではない？

複数のオランウータンが同一の塩場を利用していることは明らかであったが、写真からは判別が難しい。そこで、頬が膨隆して体の大きな「フランジオス」、コドモを連れた「子連れメス」、頬が膨隆していないアンフランジオスや若い個体などを含む「その他」の三つのクラスに分けて、クラスごとの訪問割合、行動内容、滞在時間、そして訪問時刻などを調べることにした。フランジオスは地上利用が多く、子連れメスは地上の捕食者を警戒することが報告されているため、おそらくフランジオスに大きく偏るだろうと考えた。

写真データを分析してみると、予想は外れていた。クラスごとの訪問割合はフランジオス三〇%、子連れメス一七%、その他五三%であった。フランジオスはクラス全体の三割にとどまり、性別を問わず、コドモからオトナまで利用していることがわかった。ただし、滞在時間については、フランジオスはその他のクラスと比べて塩場に長い時間滞在しており、休憩をはさみながらゆっくりと水を飲んでいた。その一方、フランジオス以外の利用者は、滞在時間は数分と短く、落ち着きなく周囲を見渡しながら水を飲んでいた。

この行動の違いは何によるものだろうか。一つ考えられるのは、「捕食者に対して」というものである。体の大きなフランジオス以外は、ウンピョウに襲われる可能性が十分考えられるだろう。しかし、ウンピョウは夜行性であり、塩場のカメラトラップでも夜間のみ撮影されていた。ほかの可能性について、オランウータン研究者である京都大学の田島知之さんに聞いてみたところ、高い警戒心は、捕食者に対してだけではなく、フランジオスに対するものであろうということだった。優位オスとも呼ばれるフランジオスは、その顔面に加えて態度もデカイのである。フランジオスは「ンンウォー」と雄叫びを上げながら塩場にやってくる。体の小さな若い個体やフランジのない小柄なオス（アンフランジオス）にとって、フランジオスの存在は脅威のようだ。

みなに恐れられているフランジオスの行動で驚いたことが二つある。一つは、滞在時間が長いだ

図2-5　塩場で交尾をするオランウータン

けでなく、林床が真っ暗な時間帯（たとえば一九時二一分）にも訪問していたことである。警戒心が低いといっても、そこまでしてやってくるのは、やはりミネラル要求量の高さを反映しているからだろう。もう一つは、塩場にある大岩の上でアカンボウを連れたメスと交尾していたことである（図2-5：ただし写真の個体は、体格はフランジオスそのものだが、フランジは未発達のため、次期フランジオスのようだ）。これらのことから考えると、フランジオスの塩場での長い滞在は、「ほかのクラスよりも大量のミネラルが必要であるため」、さらには「塩場を訪問するメスを待っているため」ではないかと考えている。フランジオスが塩場に長く滞在している間、セルフスクラッチ（自分の体を掻く行動）を行う。セルフスクラッチ行動はストレス行動の一つであり、なかなか現れないメスを「早くこないかなぁ」と若干イライラしながら待つ心理状態を投影しているのかもしれない。これらの「仮説」は研究を継続することで明らかにすることができるだろう。

また、複数個体の同時利用も確認された。子連れメス二組の四頭、あるいは子連れメスが若い個体を伴って三頭で訪問する姿を確認した。あるとき、あとで登場するNHKカメラマンが若い個体と子連れメスが一緒に塩場を訪問し水を飲んでいる姿を遠くから手撮りカメラで撮影中、若い個体に気づかれたことがあった。そのときの若い個体の行動であるが、子連れメスに知らせるでもなく、静かにその場から立ち去ったのである。その後、子連れメスが若い個体が消えたことに気づいて周囲を警戒しながらあとを追うという行動が記録されている。声を出すなどして知らせるわけではないが、立ち去ることでも異変を知らせることにつながるだろう。複数個体での同時利用については、複数頭のほうが危険を察知しやすいという群れ行動のメリットを活かしていると考えられる。

塩場とオランウータンの分布の関係

塩場でのカメラトラップによるモニタリングの結果、オランウータンにとっての塩場の重要性が明らかになった。そこで、塩場の分布がオランウータンの分布（行動）にも影響しているのではないかということが気になっていた。実際アフリカのサバンナにおいて、ミネラル源が野生動物の分布に影響を与えることが報告されている（McNaughton, 1988）。オランウータンは塩場の訪問頻度が高いこと、塩場の近くでよくネスト（寝床）を見ること、午前よりも午後の利用が多いことなどから、塩場に近いところにネストをつくっているのではないかと考えられた。先に紹介した一九時二一分に確認されたフランジオスは、塩場の近くに大きなネストをつくっていた。だからこそ、林床が暗くなっても自分のネストに帰ることができるのである。

熱帯雨林はサバンナと大きく異なり、障害物が多いうえ分解が速いため、直接観察や糞を利用した間接的な調査によって動物の分布を調べることは至難の業である。しかし、オランウータンは、樹上につくられるネストを調べることでクリアーすることができる。真新しいネストは葉が緑色のため周囲と区別がつきにくいが、少し時間が経過したものは茶色い枝葉の塊となるため容易に見つけられる（口絵⑤）。さらにヘリコプターを使えば、広域調査も可能である。

デラマコットでは、伐採影響の指標としてオランウータンのネストを利用しており、ヘリコプターによるネストセンサスを毎年実施していた。デラマコットの地図に等間隔で真っ直ぐなラインを複数設置し、そのラインに沿ってヘリコプターで林冠近くをゆっくりと飛びながら、オランウータンのネストを探すのである。これまでの調査から、林冠が連続するデラマコット（図2-6a）とデラマコットに隣接する無計画に伐採された林冠が不連続な森林（図2-6b）でのネスト数を比較すると、デラマコットのほうが高い値を示すことがわかっている。しかし、設置したラインごとにネスト数を数える程度だったため、具体的な場所までは記録できていなかった。

二〇〇七年、デラマコットでのオランウータンネストを指標とする生息適地の解明を目的としたプロジェクト（リーダーは東京農業大学の武生（たきゅう）雅明さん）に参加する機会があった。そのプロジェクトでは、ライン数を従来の倍設置し、GPSでネスト位置を正確に記録することにした。現場作

図２−６　林冠の違い
ａ：原生林や管理された森の林冠。林冠が連続しているのがわかる。ｂ：無計画に伐採された森の林冠。林冠が不連続なのがわかる。

業は私が担当することになり、私と森林局のスタッフは、ヘリコプターの左右の後部座席から見えたネストの位置をＧＰＳで記録する作業を四時間かけて行った。地上からのネストセンサスに比べたら費用はかかるが、短時間で膨大なデータを得ることができる。

　ネストの位置データを地図上に展開すると、デラマコットの中央から東側に偏って分布していることがわかった。そこで次に、その偏りが何の影響によるものかを把握するため、さまざまな環境要因との相関を調べることにした。たとえば自然環境要因としては、河川や塩場からの距離、標高など、人為的な環境要因としては、アブラヤシ・プランテーションや通行量の異なる道路、集落からの距離などを考慮した。環境要因データの衛星画像からの抽出は、衛星画像解析を専門とする中園悦子さんが担当し、ネストの位置データと環境要因データとの関係解析は、地形と植生の関係を専門とする若松伸彦さんが担当した。その結果、自然環境要因では標高が高く（尾根筋周辺にはバイオマスの大きな森林が残されていた）、塩場に近いほど、人為的な要因ではアブラヤシ・プランテーションや通行量の多い幹線道路、集落から遠いほど、オランウータンのネストが多いことがわかった。このことから、オランウータンのネスト分布は、人為的インパクトの強度と塩場という資源分布が影響していることがはじめて判明したのである（Takyu et al., 2012）。これは専門分野の異なる研究者と組んだことではじめて実現したもので、このような共同研究の意義を改めて実感した。

一つの塩場を何頭のオランウータンが利用しているのか？

一つの塩場をいったい何頭のオランウータンが利用しているのか。これも以前から気になっていた。しかし、これまで利用していたカメラトラップの性能には限界があり、個体識別をすることは難しかった。

二〇〇九年、NHKの人気動物番組「ダーウィンが来た！」ディレクターの小林夏生さんにお会いした。学生時代に調べていた「マメジカ」の撮影ができないかという問い合わせだった。私は、野生のマメジカの撮影は厳しいという話をする一方で、「塩場は面白い」と売り込んだ。そのときはそれで話は終わったが、二年後の二〇一一年、再度お願いして撮影機材をサバ大学に送ってもらい、どんな映像が撮れるか試す機会に恵まれた。その結果、塩場の水を飲むオランウータンの姿を撮影することができ、「ダーウィンNEWS」で紹介してもらった。世界初の映像である。これならいけるということで、二〇一二年に本編の撮影が行われることになった。ついに「何頭利用しているのか？」という疑問に迫ることができる。この機会を逃すわけにはいかない。私は授業担当日を

図2-7　塩場に設置された「岩カメラ」

ずらしてもらい、三週間撮影に同行した。
撮影には、前年使用したトレイルマスターというセンサーとソニーのハンディカムカメラ、GoProカメラ、遠隔操作カメラ、そして手取り撮影が試された。GoProカメラを岩に似せたつくりものに組み込んだ「岩カメラ」（図2-7）の映像は、水を飲みにくるオランウータンを下から覗き込むもので衝撃的だった。意外だったのは、明らかに不自然な大型カメラセットを塩場の目の前に設置した場合でも、いつもと変わらず地上に下りてきたこと、さらに手撮りでも素晴らしい映像が撮れたことである。当初、カメラマンが地上にいると、いくら隠れていても難しいと考えていた。しかし、塩場から谷を挟んで三〇メートル以上離れた場所に設置したテントから「気づかれないように狙えば」十分可能であることがわかった。ただし、人間の存在に気づくと、そそくさと立ち去るか木から下りてこなかった。

撮影された全個体について、オランウータン研究者である京都大学の金森朝子さんと先述の田島さんおのおのに個体識別をお願いした。その結果、ある塩場では六カ月間で一八頭のオランウータンが確認されたのである。この結果は、単独性の強いオランウータンにとって、塩場は個体どうしが高い確率で接近する出会いの場として、社会的な意義のある場所であることを示唆している。このときの映像は、二〇一二年一一月の「ダーウィンが来た！」で「動物大集合！　魔法の泉」として放映された。ＮＨＫの技術力を駆使し、番組制作のプロ集団と組むことによって、オランウータンの未知の生態を明らかにすることができたのである。

また、撮影への同行を通じて、撮影が予定どおりに進まなくても「必ず撮る！」という前向きな姿勢を崩さない嶌村泰人さん・本郷大輔さん両カメラマン、昼はカーバッテリーを担いで一緒に森を歩き、夜は構成に苦悩しながらも撮影の状況に応じて臨機応変にストーリーを組み直していた小林さん、そんな現場の努力の賜物が作品になっていることを知った。そして、万人にわかるような表現にして発信する作業は、研究者がおろそかにしがちなところであり、見習うべきことだと改めて感じた。

コラム5　地上のオランウータンという視点

オランウータンの地上利用は決して特別な行動ではない。おそらくこれまで、研究者が直接観察にこだわるために、警戒して木から下りてこなかっただけかもしれない。なぜなら、樹上性と地上性の動物を対象とする研究者たちは、動物の調べ方に違いがあったのである。

樹上性、とくに霊長類を調べる研究者は、直接観察が「比較的」容易なため、対象動物を直接観ることにこだわる。一方、地上性の動物を調べる研究者は、直接観察が難しいため、カメラトラップを利用することが多い。私は、塩場を訪問する動物の行動に影響を与えないよう、カメラトラップによる調査を行っていた。そのため、オランウータンは、本来の姿をカメラの前で見せたのだと考えている。

最近、このことを支持するように、ケモノ道に仕掛けたカメラトラップでオランウータンがよく撮影されること、われわれが想像していた以上に地上を利用していることが報告されている（Loken et al., 2013; Ancrenaz et al., 2014）。「地上のオランウータン」という事実から、先入観をもたずに対象を観ることの大切さを改めて実感した。

四　商業林管理における塩場の重点保護

二〇〇三年から開始した塩場調査の結果、野生動物にとっての塩場の意義を科学的に示すことができた（Matsubayashi et al., 2007）。その結果を受けて、二〇〇八年からサバ州森林局は、生息地保全として塩場周辺環境の重点保護を森林管理に採用するようになった。さらに、絶滅危惧動物のオランウータンが、塩場を高い頻度で訪問すること、そして、塩場がオランウータンにとって生理的な意義に加えて社会的な意義もあることを示した。オランウータンは人気者なので、この結果をアピールすることで、一般の人びとに森林管理への関心を向けさせるきっかけにもなるだろう。

多くの人は、生息地保全といえば木材の伐採が行われない保護林（protection forests）を増やすことが大事だと考えるかもしれない。これまでの野生動物研究も、人為的な影響を排除したいということもあって、保護林で行われるケースが多かった。しかし、マレーシア・サバ州の森林は、保護林は二割程度と低く、商業林の割合が非常に高い。きちんと管理された商業林（managed commercial forests）が野生動物とその生息地保全にとっての鍵となることは間違いない。今回、そこで何が求められているのかという「現場の声」を聞きながらの商業林でのフィールド研究は、その結果の活用という形で「研究の意義」をより広げてくれることを実感した。二〇一五年三月現在、サバ州におけるＦＳＣ認証林はデラマコット商業林を皮切りに五カ所存在する。保護林に格上げされたものも含まれるが、もともとはそれらのすべてが商業林であった。今後も商業林管理の重要性はますます高まっていくだろう。

※ ※ ※ ※ ※

続く第3章では、野生ウシ「バンテン」について紹介する。サバ州において、バンテンはスマトラサイに次いで絶滅が危惧されており、本来ならスマトラサイ同様に飼育繁殖計画が行われるべきであるにもかかわらず、いまだに飼育個体は存在しない。なぜ、保全対策が進まないのか。DNA解析によって問題を検証し、導かれた予想外の結果に迫る。

●サバ大学で働く(2)● 波乱の幕開け

コタキナバル国際空港に到着したのは夕方六時過ぎだった。タクシーをつかまえ大学の近くで見つけたアパートへ向かう。途中、道路沿いで点滅する原色のイルミネーションが、ささやかな祝福のようにも感じられた。簡単な家具だけが付いたアパートでサバでの新しい生活が始まった。サバには長年行ったりきたりしていたが、大部分は森の中での生活だったため、街での生活は不慣れだった。賃貸に関するさまざまな契約、光熱費の支払い方、新鮮な生鮮食品が買える店など生活に必要な情報はわからないことだらけだったが、コタキナバルの親友のサポートのおかげでいろいろと助かった。ただ、住んでみてわかったのだが、大学に近いという立地のためアパートは学生であふれていた。サバの学生はシェアハウスが一般的で、夜になるとカーテンを明け放した部屋からは賑やかな学生の声や歌声が響き、さらには爆音マフラーをつけた軽自動車やバイクがとても騒々しい。住居選びは失敗したと思いつつも、まずは家電用品などを買い揃え日常生活を軌道に乗せた。

少し落ち着いた頃、大学から四月採用で正式なレターが出たと連絡があった。喜んで受け取りに行ったが、レターを見て愕然とした。職階がやたら低かったのである。本来の職階よりも二つ下、博士の学位をもたない人が就く職階である。このままでは給料がかなり違うため、笑い話では済まされない。ハミドさんからは、何かの間違いなので少し待ってほしいといわれた。正式に就労が決まっていないため、車を買うこともできず、騒々しいアパートにこもってレターを待つ不安な日々を過ごした。

そんな中、なじみの調査地デラマコットのスタッフから耳寄りな情報が入った。ハチミツ採りをするというのである。以前から、オオミツバチのハチミツ採り「ハニーハンター」をぜひ見たいと思っていた。野生のミツバチの巣というと、樹洞の中をイメージするかもしれないが、オオミツバチは異なる。高い木の大きな枝に、垂れ下がるような巣をつくる（写真）。巣自体は何度も見ていたが、どうやってあそこまで登ってハチミツを採取するのか不思議に思っていた。じっとしていても仕方がないので、これ幸いとデラマコットへと向かった。

森へ入ると不安な気持ちもすっかり忘れて、前向きな気持ちにスイッチが入るのがわかった。作業はまだ明るいうちに巣が付いた木の幹に竹のクギを打ち込むことから始める。先の部分が打ち込まれ水平に固定されたクギに対して、今度は、垂直に細長い木をかけ、ヒモで結んでいく。すると、幹に沿って梯子ができあがる。これを繰り返し、木に登っていくのだ。かなり気が遠くなる作業である。あまり近づくとミツバチに攻撃されるので、ある程度の距離で、明るい時間の作業は終了する。そしてミツバチの活動度が下がる日没後、ふたたび作業が開始される。高さは三〇メートルほど、そこを命綱なしでのぼっていくのだから仰天である。

コンッ、コンッ、コンッ、コンッ。

リズミカルに竹のクギが幹に打ち込まれる音が夜の森に響き渡る。私を含めた数人は、ハンモックに横たわりながら、「そのとき」をひたすら待つ。私は、スタッフと雑談したり、夕暮れどきから日没、そして夜の森の音を録音したりして時間を過ごした。担当者は、ちょっとだけ懐中電灯を照らして巣の位置を確認しては、闇の中での作業を続ける。これは、ミツバチが明かりに反応して襲ってくるのを防ぐた

▲メンガリスの枝下につくられたオオミツバチの巣

◀夜間、明かりや命綱なしで木にのぼっていくハニーハンター

めである。二〇時ぐらいから開始し、零時を過ぎてもまだクギを打ち込んでおり、その体力と集中力に感心した。

いよいよ巣に近づくと、藁ぼうきのようなものに点火し、煙で燻しながら、ミツバチを巣から掃き落とす。すると、

「ブブーーーン」

暗闇の中、重たい羽音が森に響き渡る。それと同時に花火のように炎が散ったかと思うと、現場から一〇メートルほど離れた私たちの所にもミツバチがパラパラと落ちてきた。そしてミツバチが払われたあとには、懐中電灯の明かりに照らされた黄白色の巣が現れた。担当者は、枝から切り取り、ロープを結んだバケツに入れ、慎重に下に降ろした。私ははじめてオオミツバチの純正ハチミツを味わった。サラサラして粘性は低いが、非常に甘かった。これは野生動物、とくにマレーグマには、格好の標的になるだろう。しかし、オオミツバチもさるもので、メンガリス（マメ科）という巨木の高枝に巣をかけることが多く、その幹は大きくスベスベしているためクマでも手に負えない。梯子を使う人間だけが、その恩恵を享受してきたのである。私は二回見学させてもらったが、作業は日没から深夜、長いと午前三時頃までかかる。むしろ暗くて周囲が見えないからこそできるのかもしれないが、一歩誤れば命を落とす危険な作業である（実際、転落事故が起きている）。さらに、闇の中であってもミツバチはまったく攻撃しないわけではない。まさに、通常の意識を超越してなせる技である。

さて、話がすっかりそれてしまったが、肝心のレターである。ハチミツ採りの興奮もさめやらぬ中、食料を買い出しに森から最寄り街に出た際、携帯が鳴った。ハミドさんからである。

「今どこにいる？　職階がもとに戻ったぞ。おめでとう！」

採用は六月から。コタキナバルの住宅事情もわかってきたので、思い切って緑地帯に隣接する閑静なコンドミニアムへと引っ越した。そこでは、朝は賑やかな小鳥のさえずりで目を覚まし、夕方は赤紫色に染まる空のパノラマを眺めながらビールを飲むという穏やかな時間を手に入れることができた。こうして、空白の二カ月を経たあと、サバ大学での教員生活が始まった。

第3章

野生ウシ、バンテンに迫る
—基礎情報と飼育繁殖の適地を求めて—

川沿いを歩きバンテンの痕跡を探す

一　ボルネオ島の野生ウシ

野生ウシの魅力

「ウシ」といえば「家畜ウシ」、どことなくモッサリした動物というイメージがあるかもしれない。少なくとも学生の頃、農場で見たウシたちはそうだった。しかし、野生ウシを見てからというもの、その迫力に度肝を抜かれ、すっかり魅了されてしまった。はじめは、糞や足跡、写真から間接的に彼らの存在を知った。二〇〇二年に三カ月間、サバ州のタビン野生生物保護区においてカメラトラップによる哺乳類相調査をした際、野生ウシであるバンテンが何度か撮影された。深夜に確認された彼らは、精悍(かん)な顔で筋肉質のたくましい外貌をしていた。オランウータンやアジアゾウほどの注目度はないが、今でもこのような大型種がひっそりと生息していることに感銘を受けた。

はじめて実物を見たのは、翌二〇〇三年から調査を開始した同州のデラマコット商業林であった。誕生日だったこともあって忘れもしない二〇〇四年一月、当時私は、塩場にフィルム式のカメラトラップを設置しており、二週に一度、フィルムを交換するために塩場をまわっていた。その頃は、林道は自転車を使い、そこから先は歩いていた。しかし、一月のサバ州といえば雨季の真っただ中。道はぬかるみ、たちまち泥で自転車のタイヤが動かなくなってしまった。仕方なく片道二〇キロメートルほどの道を一人歩いていると、ぬかるむ林道に大きな蹄の跡を複数見つけた。真新しいバンテンの足跡である。それは林道に沿ってずっと続いていた。バンテンと同じ道を一緒に歩いていると思うと疲れを忘れた。

そして、足跡をたどりながら進んでいると、カーブを曲がった先に七、八頭のバンテンの群れがいたのである。あまりの近さに、互いに驚く。体の大きなオスが一瞬角を私に向けたのでドキッとしたが、すぐに振り返り草むらに向かうと、周囲のほかの個体もいっせいにドタドタと走り去った。今でも、跳ねるように走り去る彼らの姿は目に焼きついており、休息場所に残された温もりをドキドキしながら確かめたのを覚えている。とても写真を撮る余裕などなかった。その日はテント泊、昼間のバンテンとの遭遇を思い出しながら眠りに就いた。

翌朝、またバンテンに遭遇できたらいいなと思いながらベースキャンプへ歩き始めた。一〇キロメートルほど行くと、本当にバンテンの群れに遭遇したのである。今度はコドモがジッとこちらを見ている。私は立ち止まり、静かにコンパクトカメラを構え、地蔵のように動かないで写真を撮る。すると今度は、親が「どうしたの?」という感じで、ゆっくりと顔を出す。目が合った瞬間、「逃げろ、人間だ!」といわんばかりに驚いて飛び跳ねると、ほかの個体もいっせいにドタドタと草むらの中へ姿を消した。おそらく昨日と同じ集団だろう。しばらく私は余韻に浸った。そのときの写真は、私の宝物の一つになっている(口絵⑥)。

図3－1　デラマコットで撮影されたバンテンの群れ

【絶滅危惧動物ファイル⑥】バンテン

バンテン（*Bos javanicus*：EN）は東南アジアに生息する野生ウシである。性的二型が明瞭で、体の色やサイズ、角の形が、性成熟した雌雄で大きく異なる（図3－1）。成熟個体の雌雄の共通点は、四肢下部、臀部、上唇周辺は白色をしていることである。しかし、体色については、オスは黒色、メスはこげ茶色、体サイズについては、オスはメスに比べて筋肉質でずっと大きい。角については、オスは大きく後方外側に向かったあと緩いカーブを描いて上方へと伸び、メスは左右の角が小さく半円を描くように伸びる。その社会構造は一夫多妻制である。オスは単独あるいはグループを形成することもある。メスは母系グループを形成する。

生息地から三つの亜種に分けられ、東南アジア大陸（ビルマバンテン：*Bos javanicus birmanicus*）、ジャワ島（ジャワバンテン：*Bos javanicus javanicus*）、そしてボルネオ島（ボルネオバンテン）と過去に存在したスンダランドを反映した広域に分布しているものの、小集団が散在、プランテーションなどにより隔離されている状況である。地域によって、体サイズや体色にバリエーションがある。体サイズは、ボルネオバンテンはほかの二地域のものと比べて小さい。また、体色については、ボルネオバンテンやジャワバンテンのオスは黒色だが、ビルマバンテンのオスは不思議なことにオレンジ色をしている。また、ボルネオバンテンのメスの体色はほかの二地域と比べて暗い。

バンテンはグレーザー（イネ科草本食者）である。そのため、森林伐採の影響は比較的少ないと考えられるが、伐採道路を利用して侵入する密猟者が問題となる。肉や角を狙った乱獲ならびに生息地の減少や消失によって個体数が激減した。ＩＵＣＮレッドリストでは、一九八六年から絶滅危惧II類に、その後一九九六年から絶滅危惧ＩＢ類に格上げされ今に至る。ボルネオ島において、バンテンはスマトラサイの次に個体数の少ない大型哺乳類で、ポスト・スマトラサイ（スマトラサイのような運命をたどる可能性のある次の動物）とも呼ばれている。一九八二年の報告に限られるが、ボルネオ島の中でもバンテンの個体数が多いとされるサバ州における推定個体数は、三〇〇から五五〇頭の間と見積もられている（Davies and Payne, 1982）。

サバ州野生生物局は、二〇〇二年にバンテンを州の完全保護動物に指定したものの、その保全対策は密猟の取り締まりに限られている。なぜ保全対策が進まないのか。その理由の一つと考えられるものに、家畜ウシとの交雑問題があげられる。ＩＵＣＮレッドリスト中にも、私信という形で「ボルネオ島ではバンテンと家畜ウシとの交雑が頻繁に報告されている」と書かれており、ボルネオバンテンの存在そのものが疑問視されていた。

二　ボルネオバンテンは交雑種か

遺伝情報の重要性

バンテンは家畜ウシにおいて失われた抗病性や耐暑性などの遺伝的特性を有するため、遺伝資源としての価値は高い。古くから家畜化も行われ、とくにインドネシアで盛んで、交雑品種にはバリ(Bali)やマドゥーラ(Madura)、オンゴール(Ongole)などがある。交雑個体は、四肢が白いバンテンの特徴は残すものの、体サイズの小型化や角の変形など、野生個体とは異なる特徴がある。そのような家畜化された交雑個体が、人間によってさまざまな地域へと移入されたことが、とくにインドネシアの島々から出土した化石によって示されているという(Van der Maarel, 1932)。さらに、伐採跡地の森林でキャンプ設営の際にもち込んだ家畜ウシを撤収時に放棄するケースや、森に隣接するアブラヤシ・プランテーションで家畜ウシを放し飼いするケースが一部に見られ、遺伝的攪乱が懸念されていた。しかし逆に、交雑個体と思われていたにもかかわらず、DNA解析をしたところ、実は純系であったというケースも報告されている(Bradshaw et al., 2006)。

希少種の保全において、まず確認すべきことの一つは、対象とする種の地域集団が、遺伝的に純血である(近縁家畜種と交雑していない)ということである。もし交雑が確認された場合は、その保全価値が大きく失われてしまう。したがって、遺伝情報を把握することが、本種を保全する第一ステージであるといえる。しかし、バンテンの遺伝に関する情報は、大陸部やジャワ島に分布する個体群については比較的多いが、ボルネオ島の個体群については皆無で、染色体数すらわかっていない状況である。

個体数が少なく、滅多に会えない絶滅危惧動物の遺伝情報をどうやって得るのか。もっとも一般的なのは糞の利用である。糞は腸管内壁の細胞を取り込みながら排泄されているので、糞に含まれる腸管細胞からDNAを抽出することができる。しかし、糞には微生物や食べ物由来の細胞やら、不特定多数のDNAが混在している。どのようにしてバンテンのDNAを選別するのだろう。それは、種特異的な配列を増やし、増やした配列を解読することで解決する。この増やす操作をPCR (polymerase chain reaction：コラム6参照）といい、配列を解読する作業はシークエンスと呼ばれる。糞からのDNA抽出はすでにキットが発売されている。問題は、PCRをする際に使う適当なプライマーを探すことである。過去の論文にあたって、ウシ科で使えるプライマー、さらにはバンテンの交雑種判別に使えるプライマーはないかを探した。

東南アジア大陸のビルマバンテンとジャワ島のジャワバンテンについては、多少の情報があり、参考になりそうだ。調べた結果、核ゲノムからは哺乳類の性決定遺伝子として知られ、オスがもつY染色体上にあるsex-determining region Y遺伝子、通称SRY、ミトコンドリアゲノムからはチトクロームbとD-loopの一部配列を増幅するプライマーを選んだ（コラム6参照）。あとはバンテンのDNAを鋳型として論文を参考にPCRをする。増幅産物が得られ次第、増幅産物の配列を決め、近縁種の既存配列と比較して、家畜ウシや亜種との関係を分析する。そして最終的には、系統樹という枝分かれ図で近縁種間の関係を示す。

研究の段取りは決まった。あとは、サンプル収集である。バンテンの分布域を歩き回って糞を探す。運任せの糞探しだが、自分としてはフィールドに出るほうが性に合っている。何より、複数の森を対象にできるのは、現地の大学であるサバ大学の教員の特権である。

コラム6　遺伝情報の調べ方

微量なDNAを増やすPCR技術

本文でも触れたとおり、PCRとはpolymerase chain reaction（ポリメラーゼ連鎖反応）の略で、ごく微量のサンプルからでも目的の配列を増やすことができる。原理はシンプルで、試料から抽出された大元DNA（今回の場合はバンテンの糞から抽出したDNA）、目的配列を増やす際に必要な二〇塩基前後からなるプライマー、塩基をつなぐ酵素（ポリメラーゼ）、そして塩基をつなぐ際に使う四種類のDNAヌクレオチドを混ぜたものに対して、（1）加熱によって二本鎖DNAを一本鎖に変性する（ディネイチャー、denature）、（2）一本鎖DNAとプライマーの結合（アニール、anneal）、（3）プライマーの伸長（エクステンション、extension）の三つの反応を通常は二〇から三〇回程度繰り返す（図①）。これによって、目的配列を2^n倍（nはPCRの回数）に増幅させることができる。

三つの反応の中で重要なのはアニールの温度である。テンプレートとプライマーの親和性が強ければ高い温度設定、強くなければ低めの温度設定を行う。ただし、アニールの温度が低い場合は、プライマーが目的配列に類似した配列に結合しやすいため注意が必要である。

ミトコンドリアDNAと進化速度

糞などのDNAが分解されやすい試料を用いてDNA解析をする場合、比較的確実なのが、ミトコンドリアDNA（細胞核中の核DNAに対して、細胞質中にあるミトコンドリアがもつDNA）を用いることである。ミトコンドリアは、卵子と精子のおのおのがもっているが、受精後、精子由来のミトコンドリアが酵素で分解されてしまうため、その後は卵子由来のミトコンドリアのみが残る。そのため、ミトコンドリアDNAの特徴としてまずあげられるのが、母性遺伝することであり、それによりメスの系統を把握することができる。また、ミトコンドリアは細胞質に複数あるため（コピー数が多いため）、少量の試料でも解析に利用できる程度の

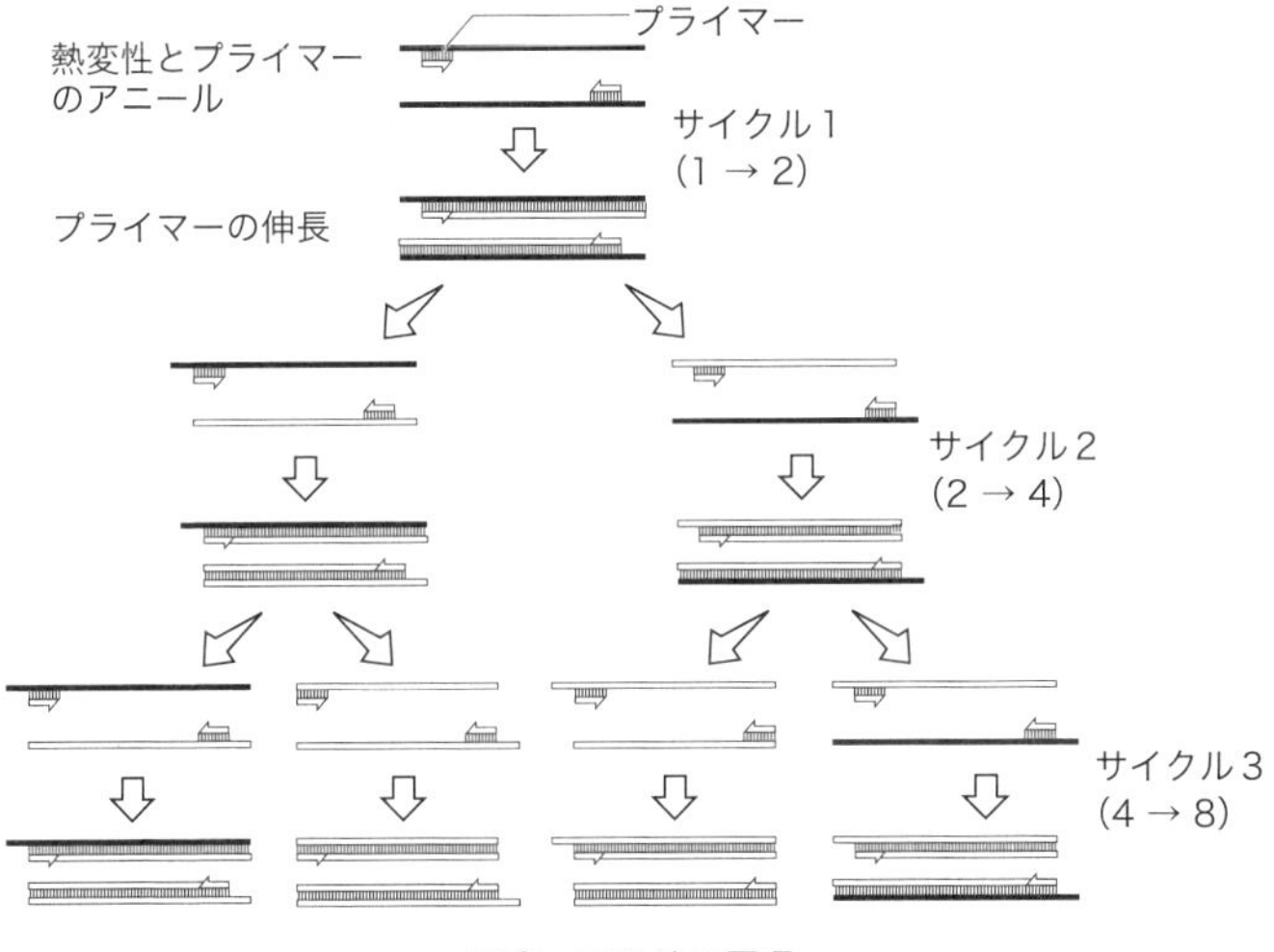

図①　PCR法の原理

DNA量を得ることができる。さらに、組み換えを起こしにくいため比較的一定の進化速度を保っていることも特長の一つである。ただし、ミトコンドリアDNAはあくまで母系情報であるため、父系の情報については核DNAを調べる必要がある。

DNA配列の中で、タンパク質をコードしているものとコードしていないものでは、四つの塩基（アデニンA、チミンT、グアニンG、そしてシトシンC）の置換率（塩基の変わりやすさ：進化速度）が異なる。コードしているものは、コードしていないものに比べて、置換率が低い（進化速度が遅い）。そのため、系統関係において科や属、種といった遺伝的に離れたものどうしを比べるものさしとしてタンパク質をコードしている配列が、亜種を含む同一種内の違う集団どうしといった、比較的遺伝的に近いものどうしを比べるものさしとしてコードしていない配列が用いられる。ミトコンドリアDNAの中にもそれに相当する配列が存在し、タンパク質をコードしている配列にはチトクロームb、コードしていない配列にはD-loopと呼ばれる部位がよく利用される。今回は、ボルネオバンテンと家畜ウシを含むほかのウシ属どうし、ならびにボルネオバンテンとジャワバンテンやビルマバンテンのほかの亜種どうしの遺伝的な距離を比べるため、チトクロームbとD-loop二つの配列を調べた。異なるものさしを使っても同じ結果が出れば、その結果の信頼性は高いといえる。

牛糞を求めて

こうして、バンテンの糞集めが始まった。塩場の調査を行っていたデラマコット商業林やマルア商業林では、以前からバンテンの糞を集めていた。真新しい糞との遭遇は滅多になく貴重で、もし

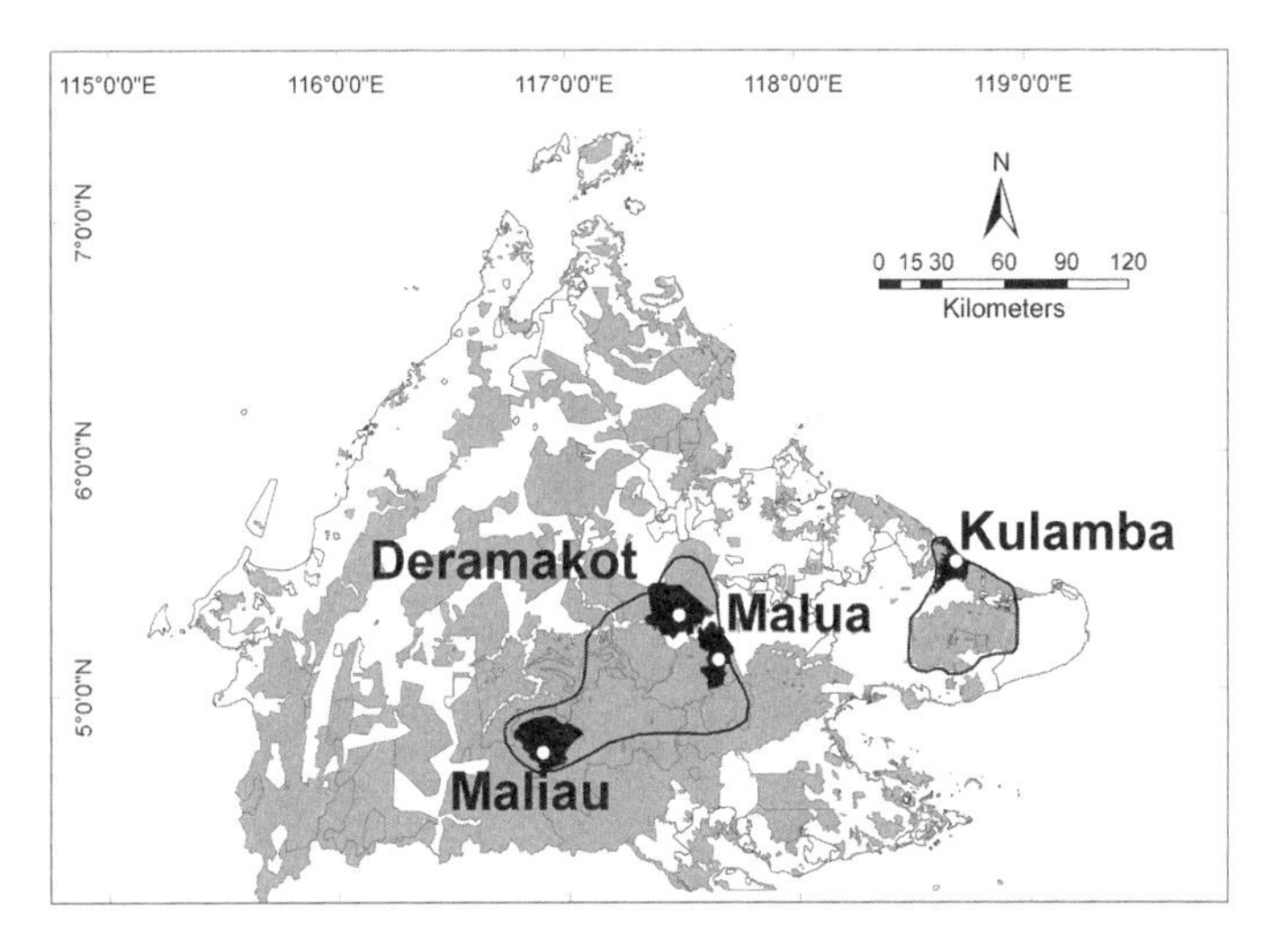

図3－2　バンテンの糞サンプリングで訪れた4カ所（クランバ、デラマコット、マルア、マリアウベースン）

実線で囲った部分がこれまで考えられていた分布域。

かしたら、将来使うときがくるかもしれないと思っていたからである。この二つの商業林は、サバ州最長河川であるキナバタガン川の上流域に、川を挟む形で位置している。これらの商業林では、塩場のモニタリングにより定期的にバンテンを確認することができ、訪問する時期や時間、グループサイズなどがわかり、さらに、成熟オスが複数頭でくること（複雄群を形成すること）、コドモも確認され繁殖状況も悪くないことなどがわかっていた。ただ、過去に伐採キャンプで飼育していた家畜ウシを、撤収時に放棄したといううわさがあった。財産である家畜ウシを放棄することなどあるだろうかと首を傾げたくなるが、交雑の有無は検証する必要があるだろう。

また、この二つの森だけでは情報量が乏しいため、新たに二カ所を加えることにした。それは、湿地草原が広がるクランバ野生生物保護区、ならびに原始の森とも呼ばれているマリアウベースンである。この四つの調査地（図3－2）は、家畜ウシとの交雑リスクの異なるのが特徴であり、リスクが高い順に、（1）クランバ野生生物保護区、（2）デラマコット商業林とマルア商業林、そして、（3）マリアウベースンという位置づけで調査を進めた。ここでは、新たに追加した二カ所、クランバ野生生物保護区とマリアウベースンでの糞採集について紹介したい。

集落にもっとも近い生息地、クランバ野生生物保護区

クランバ野生生物保護区（以下、クランバ［「はじめに」の地図参照］：二万六八二ヘクタール）は、キナバタガン川とセガマ川の河口域、スールー海に面した広大な湿地草原を含む二次林である。クランバを含むキナバタガン川－セガマ川下流域（マレーシア最大規模、総面積七万八八〇三ヘクタール）は、二〇〇八年、ラムサールサイトとして登録されている。これは、とくに水鳥の生息地として重要と考えられる湿地の流域保全と賢明な利用を推進する国際環境条約、ラムサール条約にのっとったものである。湿地帯には、人の背丈以上にもなる草本類が繁り、またワニもいるため、人の侵入を拒んできた。そのお陰で、バンテンの聖地にもなっている。しかし、ラムサールサイトの中にはクランバ村があり家畜ウシを放牧しているため、ほかのバンテンの生息地と比べて交雑の可能性が高いと考えられる。そこで二〇一〇年、われわれは糞サンプルの採取とカメラトラップによる生息個体調査を二回、その後二〇一二年にはヘリコプターを使った空中センサスによる生息個体調査を三回にわたって実施した。

図3-3　キナバタガン川から見えたクランバ村

二〇一〇年八月と一一月、コタキナバルから車でキナバタガン川のスカウ村に行き一泊し、翌朝そこからボートでキナバタガン川を下り、河口部の対岸に位置するクランバ村へと向かった。ボートで四時間、キナバタガン川を下り河口付近に出ると、遠くの対岸に小さな集落が見えてきた（図3-3）。そこには水上家屋が並び、そのうちの一つは、サバ大学やWWFマレーシアなどの訪問者用の宿泊施設になっている。ガラス窓のある比較的しっかりした建物だったが、トイレは床板が二枚ほどはがされただけで、その穴からはエサを待つ小魚たちが見えた。

余談だが物騒な話を一つ。サバ州東部はフィリピン・ミンダナオ島が目と鼻の先にあり、ミンダナオ島東部のホロ島はイスラム過激派のアジトの一つとして知られている。一九九八年と翌年、サバ州東部の島にあるダイビング・リゾートが、ホロ島からきた武装集団に襲われ、スタッフや外国人観光客が拉致され、多額の身代金を要求されるという事件が起きた。たまたま日本人観光客が被害に遭わなかったため、日本ではあまり知られていないが、現地では大変な騒ぎだった。

この海賊事件に関わらず、当時のサバ州東部はフィリピンやインドネシアからの不法入国者が多く治安が悪かった。実は私も被害者の一人で、サンダカン・バスターミナルに停車中のバスで強盗に遭ったことがある。強盗に会ったら抵抗しないというのが鉄則であるが、身ぐるみはぎ取られそうになると自然と抵抗してしまうものである。三人組が腕時計をはぎ取って走り去ったあと、右肩が刺されていることに気づいた。幸い、私が住んでいたのはセピロクのオランウータンセンター内（第5章参照）。センターの美人看護師に保護されたオランウータン同様に傷の手当てをしてもらった。同じ頃、クランバ村にも武装集団が現れて、村人に銃を突き付けながら船を盗んだりしたという。お互い運が悪かったなと、村人たちと盛り上がった。幸い、私がクランバ村を訪れたときは平和そのもので、穏やかな波が寄せる夕暮れどきは心身ともに癒された。

図3-4　クランバで見つけたバンテンの糞と足跡

さて、調査はというと、クランバ村からボートで二〇分ほど行ったところで上陸し、そこから東に真っ直ぐ伸びる荒れた道を通った。驚くべきことに、村から直線距離で四キロメートルほどの場

図3－5　クランバで撮影されたバンテンの群れ

所にもかかわらず、すでにバンテンの大きな足跡と糞がゴロゴロしていたのである（図3－4）。そして、バンテンの糞を見つけては、耳かき綿棒の耳かき部分で、糞表面の湿った部分を優しくはがし取り、保存液の入ったチューブへと放り込んだ。その作業と並行して、ケモノ道にカメラトラップを数台設置した。腰丈ほどの草原と化した道は、日差しを遮るものがないため非常に暑く、スタッフの一人は熱中症でダウンしてしまうほどだった。そもそもなぜこのような一本道があるのか村人にたずねると、当初は町への陸路をつくるという話だったが、フタを開けてみると、大規模盗伐のためにつくられたものであったという。そんないわくつきの道路ではあったものの、バンテンは、そこに生える草本類を食べたり、ケモノ道として利用したりするため、格好の糞サンプルを得る場所になったのである。

結局、二回の訪問で、三五個の糞サンプルを得ることができた。これは想像以上の収穫であった。また、道沿いに設置したカメラトラップは二ヵ月間稼働し、もっとも写っていたのがバンテンという驚くべき結果だった(図3－5)。クランバはバンテンの貴重な生息地であることが改めて示されたのである。ただし、家畜ウシを放牧する集落から四キロメートルほどの場所にバンテンが出てきているため、当初の懸念どおり交雑の可能性は十分ありうる。

二〇一二年、クランバの湿地帯でのヘリセンサスを行った。先にも触れたように、この地域は背丈ほどもある草本が生い繁り、ワニも生息しているため、地上からのアクセスは難しい。しかし、ヘリコプターであれば、頭数や群れ構成を正確に確認することができる。当初は、そんなにバンテンが見られるものなのかと半信半疑だった。バンテンは朝方の涼しい時間帯までは湿地を利用し、日中は日差しを避けて森の中で過ごすという。そこでわれわれは、早朝、サンダカン空港を飛び立ちクランバへと向かった。ヘリコプターに乗ること片道わずか三〇分、あっという間にクランバ村を通り越し、湿地上空に到着した。二〇一〇年の陸路と水路で向かう行程とは大違いであった。ヘリセンサスは、地図上で設定したラインに沿って一時間ほどかけて飛び、ふたたび三〇分かけてサンダカン空港に戻る計二時間コースである。

私の不安をよそに、バンテンには毎回遭遇した。複数の群れ構成を観察でき、成熟オスのみの複雄群も確認された。口絵①は、成熟オス二頭、成熟メス二頭という組み合わせである。大きな体をした成熟オスが、水しぶきをあげて走る姿は野生のたくましさにあふれており、シャッターを切るのを忘れそうになるほど魅了された。

毎回バンテンに遭遇することができたものの、悔やまれたのが、より早い時間にセンサスすればより多くの個体を確認できたのではないかということである。空港は六時にならないと開かず、開いてからも待たされることが多かった。そのため、クランバに到着する頃には日差しが強くなりつつあり、バンテンは強い日差しを避けて森の中に移動している可能性があったからである。いずれにしても、クランバはバンテンを直接観察できる唯一の場所であり、群れのサイズや構成（雌雄やコドモの割合）など、カメラトラップデータとの比較のうえでも貴重なデータを得ることができた。

原始の森、マリアウベースン自然保護区

マリアウベースン自然保護区（以下、マリアウベースン［「はじめに」の地図参照］：五万八八四〇ヘクタール）は、二〇〇二年にバンテンを見るために訪れたことがあったものの、見損ねた残念な場所として私の記憶に残っていた。あれからちょうど一〇年後の二〇一二年、今度はサバ大学の教員としてバンテンの糞を拾いに訪れることになるとは予想だにせず、内心、感慨深いものがあった。しかし十年一昔とはよくいったもので、テントを張って寝泊まりした殺風景なゲート周辺は綺麗に整備されており、その先には高級感漂う宿泊施設ができていた。

バンテンが出てくるのは、ゲートから宿泊施設のあるセンターに向かうまでの道路、二〇キロメートルほどの間である。彼らは、昼間は森の中、夜になると道沿いの草本を食べながら移動する。そのため運がよければ、道路上で新鮮な糞を拾うことができる。しかし、初回は運に恵まれず、新鮮な糞を見つけることはできなかった。そこで私は、マリアウベースンのスタッフに、もしバンテ

ンが出てきたら、携帯電話にショートメールを送ってほしいとお願いした。マリアウベースンは「最後の秘境」とうたわれているが、財政的に恵まれたサバ財団の管轄下にあるため、電話会社のアンテナが設置されており、センター周辺なら、携帯電話はもちろんインターネットも利用できるIT空間へと変貌していたのである。

それから数週間後の日曜の朝、メッセージが入った。

「ドクター、出てきたよ」

この機会を逃すわけにはいかない。さっそく私とドライバーは、マリアウベースンへ日帰り糞拾いを決行した。コタキナバルから往復一〇時間のドライブである。ゲートを過ぎてセンターへと続く道を半分も過ぎると、大きな糞が現れた。バンテンもセンター方向に歩いているようで、進むほど瑞々しさを増していった。今度は効率のよいサンプリングである。スタッフの協力のお陰で、新鮮な糞サンプルを二〇個も得ることができた。

こうして、デラマコット商業林、マルア商業林、クランバ野生生物保護区、そしてマリアウベースン自然保護区という交雑リスクの異なる四地域から、バンテンの糞サンプルを集めることができた。次は学内でのラボワークである。はたして、どんな結果が得られるのか、久々のラボワークに緊張しつつも、結果に迫っていく過程の面白さを楽しんだ。

交雑の検証

私は学部と修士課程では血縁解析や系統解析といったDNA解析を行っていたものの、動物の姿が見えない作業に耐えられなくなり、博士課程では動物生態学・行動学に専攻を変え現在に至る。ただその間も、DNA解析はツールの一つとして利用したいという思いはあり、さまざまな試料を集めていた。そして今回、十数年ぶりに実験室での作業を行うことになった。ただ、貴重な試料を扱うにしてはブランクが長すぎるので、不安を覚えた私は、日本に一時帰国した際、一連の作業を練習することにした。

練習場所は、私が学部時代を過ごした東京農業大学農学部の家畜生理学研究室、指導は十数年後輩の覚張(がくはり)隆史さん(現在、北里大学ポスドク)に依頼した。当時覚張さんは、東京大学の大学院生で、遺跡由来の動物遺体からDNAを抽出・解析していた。本厚木駅前のビジネスホテルに泊まりながら、糞からのDNA抽出、目的配列のPCR増幅、増幅産物の配列決定と一連の作業を教わる。昔の感覚が何となくではあるが、思い出された。しかし、私が修士課程の頃とはだいぶ違っている。以前はDNAの標識にはリンの放射性同位体を使い、四つの塩基を区別するために四つのチューブに分けて処理していた。その後は大型のポリアクリルアミドゲルで塩基ごとに電気泳動、そのゲルを濾(ろ)紙に移してX線フィルムに露光させ、その泳動像を自分の目で一つずつ読み取るという恐ろしく手間のかかるものであった。それが今では、DNAの標識には四色の蛍光塩基を使うため一つのチューブでの処理が可能で、それを機械にセットすれば自動で読み取りを行い、数時間後にはパソコンに配列データが保存されているのである。私にとっては驚愕の連続であった。ただし、いくら簡便化したといっても不慣れな作業に心底疲れ、私はすでに実験系の人間ではないことを再認識した。

サバ大学での本実験は、学生が長期休みの授業がない期間に集中して行った。エアコンの効きの悪い実験室で、まさに額に汗しながらの実験である。その結果、核DNAの増幅産物は一つも得られなかったものの、ミトコンドリアDNAのチトクローム b とD-loopの一部配列については増幅産物を得ることができた。配列決定の次は解析である。簡単な解析なら、インターネット上でも可能である。DNA Data Bank of Japanという国立遺伝学研究所が運営するデータバンクがある。ここには欧米で登録された配列とのリンクがなされているため、自分が調べた配列と相同性の高い（似ている）配列を検索したり（BLAST）、その結果を系統樹で示したり（ClustalW）することができる。これらを利用して、ほかのバンテン亜種との相同性が高く家畜ウシとの相同性が低ければ、まずは交雑の心配が低いといえる。

さて、ドキドキしながら、相同性検索をやってみた。その結果は、家畜ウシとの相同性が低いことを示していた。四つの調査地すべてのバンテンにおいて家畜ウシとの交雑の可能性が低く、ボルネオバンテンとして純血を維持していることが示唆されたのである。あれだけ交雑の可能性が高いと思われていたクランバで問題がないのであれば、ほかの地域においても交雑の可能性は低いのではないだろうか。とにかく胸をなで下ろしたのだが、意外な結果も付随してきた。対象としたバンテンは、ほかのバンテン亜種よりもガウルという別種の野生ウシに近いというのである。もしかしたら、解析作業のどこかで間違いが生じていたのかもしれない。自信がない私は、家畜生理学研究室の半澤惠さんに再解析を依頼した。そして、その結果もやはり同じだったのである。いったいどういうことなのだろうか。

三　ボルネオバンテンの新事実

ボルネオバンテンは存在するのか？

調べたサバ州のバンテンは、ミトコンドリアＤＮＡの一部配列であるチトクロームｂやD-loopの結果からは、家畜ウシとは離れていることが示された。一般に自然環境下において、野生ウシのオスが家畜ウシのメスと交配することがあっても、その逆の可能性は非常に低い。そのため、調査個体については、家畜ウシのメスとの交雑はなく、純血であるということがいえるだろう。これは保全価値があることの裏づけとなるため喜ばしいことである。しかし、ボルネオバンテンは、大陸のビルマバンテンやジャワ島のジャワバンテンよりも、ガウルに「かなり」近縁だという予想外の結果が出た（図３－６）。一方では家畜ウシとの交雑の可能性は否定されたためボルネオバンテンは存在すると考えられるが、もう一方ではほかのバンテン亜種よりもガウルという別種に近いため、ボルネオバンテンという亜種は存在しないという新たな可能性が出てきたのである。

なぜだろうか。ミトコンドリアが母系遺伝することを考えれば、スンダランドが存在していた頃、ガウルのメス集団の中にバンテンのオスが入り、そこで交雑して産まれたコドモの子孫集団がサバ州の集団であるという可能性もありうる。実際、ウシ族における交雑はすでに二例報告されており、そのうちの一つは、カンボジアのビルマバンテンとコープレイ（第１章参照）との間で交雑が起きたというものである（Hassanin and Ropiquet, 2007）。東南アジア大陸には、近縁なウシ族が分布域

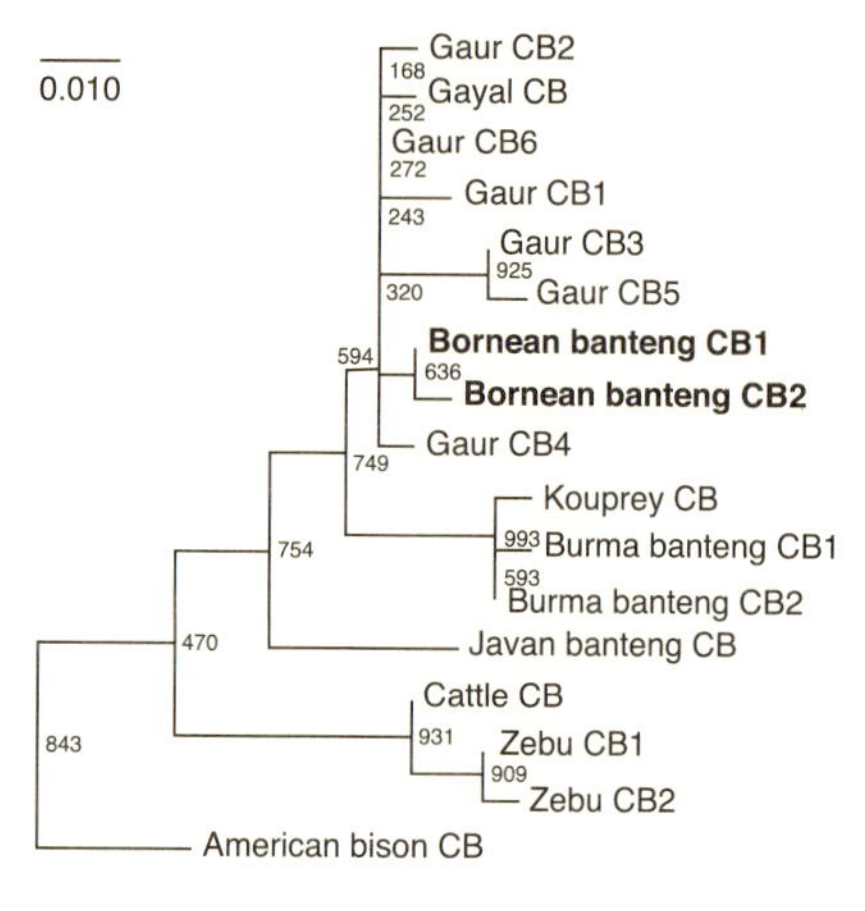

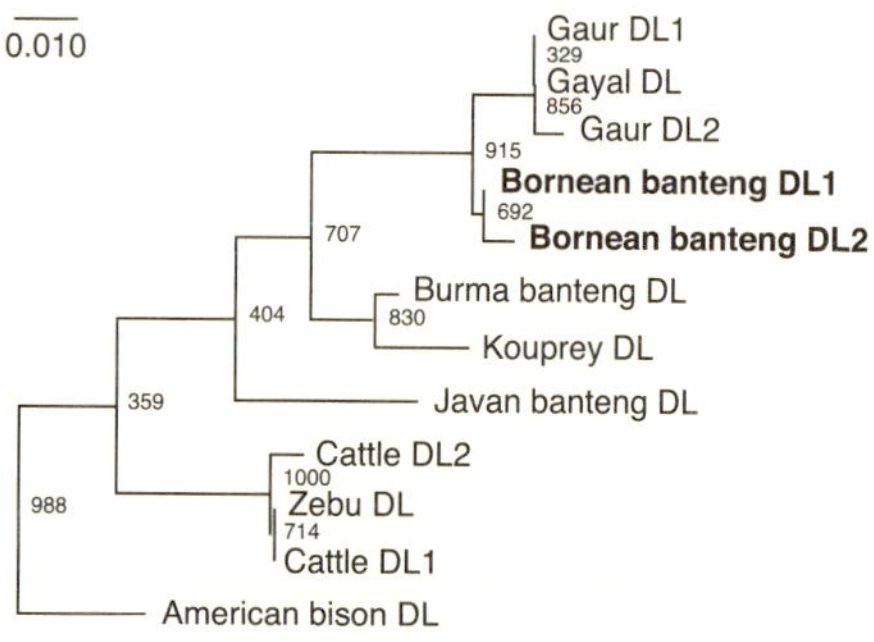

図3－6　バンテンの系統樹

ボルネオバンテン（Bornean banteng）のミトコンドリアDNA二種類の一部配列を近縁種間で比較した結果、ボルネオバンテンは家畜ウシ（Cattle や Zebu）とは遠く交雑の可能性が低いこと、さらに別亜種のビルマバンテン（Burma banteng）やジャワバンテン（Javan banteng）よりも別種のガウル（Gaur）に近いことがわかった。枝の分岐点にある数値（ブートストラップ値）は、分岐の信頼性を示しており、試行回数1000回中、この分岐が支持された回数である。

を重複しながら生息しているので可能性はゼロではないが、ボルネオバンテンは臀部が白いという、ガウルにはないビルマバンテンやジャワバンテンと共通する外貌特徴がある。

この結果は、ボルネオバンテンのDNA情報をはじめて示したもので非常に興味深いが、ミトコンドリアDNAの二種類の配列、しかも一部分という限られた情報。正直なところ、この情報量では十分ではない。二〇年前ならともかく、この結果を論文にするのは難しいと思われた。理想は、ミトコンドリアDNAの全域、あるいは核DNAの情報も示すことである。しかし、一見新鮮そうに見えた糞も一晩は経過しており、想像以上にDNAの分解が進んでいるようでバンテンの糞サンプルの限界と思われた。今より質のよいサンプルを入手するには、捕獲個体から得る以外に方法はない。しかし、新たな試みをする時間はなく、現段階での結果報告を最優先することにした。それはなぜか。競合者がいたからである。

私の研究において、「競争」という言葉は無縁だと思っていた。学生時代は「マメジカの生態」、ポスドク時代は「塩場と哺乳類」と、これまでは誰も調べていなかった研究をテーマにしてきたからである。しかし今回は競争相手が現れたのである。サバ州でのバンテンプロジェクトは、私とハミドさんが進めていたが、あとからイギリスの大学チームが参入してきたのだ。われわれの二人三脚サバ大チームに対して、イギリスチームは国内外複数の巨大スポンサーのつく大型プロジェクトである。しかも、イギリスチームの二つある調査地のうち一つは、私が塩場調査（バンテン調査）で入っていたマルア商業林であった。これには正直驚いた。マルア商業林では、自然の塩場と人工塩場（WWFマレーシアのジョン・ペインさんのアイディア）において、カメラトラップによる野生動物モニタリングを私とマルアのスタッフで一緒にやっていたにもかかわらず、である。通常であれば、テーマが競合する場合は、同じ調査地は避けるか、先に入っていた研究者と話し合うはずなのだが。

そのプロジェクトでは、生態と遺伝の二つの側面からバンテンに迫るという、サバ大チームと同じ目的。しかも、生態については五〇台以上のカメラトラップや人工衛星を使った行動追跡を行い、遺伝については敏腕遺伝学者が担当しているという。一方こちらは数台のカメラしかなく、糞サンプルの採集地は多いが遺伝の専門家ではない。とても敵わないと思った。さらに厄介だったのは、その敏腕遺伝学者とハミドさんが犬猿の仲であることだった。とても共同研究などできそうにない。私は、現場スタッフに糞サンプル採集キットを託し、マルア商業林を離れることにした。その後、イギリスの大学チームは大量のカメラを投入、人工塩場で撮影されたバンテンの写真を地元新聞やウェブ上で紹介し、プロジェクトが順調に進んでいることをアピールしている。そのような背景もあり、今回の結果はできるだけ早く論文にする必要があった。なぜなら、研究者は研究成果を論文にすることがまず必要であり、コツコツ積み上げた研究も、誰かに先を越されたら価値を失うこともあるからである。少ない情報量で国際誌に受理してもらうには、新規性や希少性を主張することで臨むしかない。これまでボルネオバンテンの遺伝情報は皆無であるため、可能性はゼロではないはずだ。

最初の投稿先では、半年も待たされたうえ、査読者から「サンプル数が少ない」、「配列が短い」などの修正不可能な指摘を受け、受理されなかった。それにしても、この程度の査読内容を出すのに半年も待たせるとは……。気を取り直して次の雑誌に投稿したものの、「核DNA情報」も載せるべきだとふたたび蹴られてしまう。こちらとしては、試みたものの情報を得ることができなかったのだから、どうしようもない。返事が早いだけ、最初の投稿先よりは親切である。さて、三度目の正直となるか、違う雑誌にふたたび投稿した。すると、結果は大幅修正（major revision）ではあったものの、ボルネオバンテンの遺伝情報としては、はじめての貴重な報告だと評価は悪くなかったのである。少し希望の光が見えてきた。査読者の一人は、とてもバンテンにくわしく不思議に思いながらやり取りを続けた。そして、原稿の受理が見えた頃、査読者の一人が、バンテンの遺伝解析で著名なフランスの遺伝学者アレキサンダー・ハッサニンさんだということが判明する。納得すると同時に、とてもラッキーだったと改めて思った。こうして奇跡的に、イギリスの大学チームよりも先に、国際誌に論文を受理してもらうことができた（Matsubayashi et al., 2014）。

未確認生息地へ

サバ州内においてバンテンの保全を進めるためには、その遺伝情報を把握すると同時に、州内の「どこにいるのか」という基本情報を把握することが大事である。以前から私は、森林局のスタッフから、バンテンが生息しているらしい地域の情報を複数入手していた。これまでは私が糞拾いをした四つの調査地を含む大きく二つの地域で生息が確認されていた。一つは、セガマ川下流域に広がるクランバ野生生物保護区とタビン野生生物保護区周辺地域（クランバ・タビン地域）である。もう一つは、州中央部に広がるキナバタガン川上流域のデラマコットやマルアなどの商業林、ダヌムバレーやマリアウベースンといった保護林を含む地域（デラマコット・マルア・マリアウベースン地域）である。これら二地域は、広大なアブラヤシ・プランテーションによって完全に分断されている。これら以外に少なくとも二カ所、バンテンの目撃情報のある地域があるらしい。一つは州南東部のウル・カルンパン保護林、もう一つは州南西部のシピタン商業林である。ただし、うわさやそれらしい糞の目撃のみであった。保全策を進めるためには、写真などの直接的な証拠が必要不可欠である。私はサバ州森林局局長のダトゥ・サマナンさんに、バンテンの生息を確認するための調査許可を申請し、その際、サバ大学と現地営林署をチームとして現場で一緒に活動したいとお願いした。

すぐに申請を許可する返事がきた。そして関係営林署長宛てにサバ大学の調査に協力するよう指示が書かれていた。善は急げと、私はすぐに営林署長に連絡を取った。しかし、局長からの指示とはいえ、面識のない外国人からの連絡。面倒な仕事はできるだけ増やしたくないのか、はじめの反応はどちらもあまりよくなかった。ただ、森林局も森林管理の強化を進めており、各営林署に象徴となるような保全対象種を把握するよう指示していたので、営林署スタッフにもメリットはあるはずである。相手の様子を伺いながら、少しずつ距離を詰めていった。

【未確認生息地1】伐採後保護林に格上げされた森、ウル・カルンパン森林保護区

ウル・カルンパン森林保護区（以下、ウル・カルンパン［「はじめに」の地図参照］：五万九六四ヘクタール）には、サバ州東部のクナッ（Kunak）という比較的大きな最寄り町がある。この周辺はアブラヤシ・プランテーションが広がり、複数の会社の搾油施設が建つヤシ油産地の一つである。サバ州では、それぞれの街のラウンダーバート（信号機を必要としない、右回り・内部優先の円形交差点）の中央に、その街を特徴づけるオブジェを設置している（図3－7a）。クナッでは、アブラヤシの房が置かれていた（図3－7b）。ウル・カルンパンは、公園局が管轄するタワウヒルズパークの北側に隣接している。タワウヒルズパークは、サバ州第三の都市であるタワウの水源林になっているため、巨木が残る原生林である。一方、ウル・カルンパンも、森林管理区の地図には完全保護林で示されているため、現場を見たことがない人は、攪乱されていない森が広がると思うかもしれないが、それは違う。四方をアブラヤシ・プランテーションに囲まれており、最近までは商業林で強い伐採圧を受けた荒れた二次林である。切り出す材がなくなった現在では、商業林から完全保護区に移行して育林に力を注いでいる状況である。しかし、そこにはアジアゾウやオランウータン、そしてバンテンも生息しているという。

コタキナバルのある西海岸からクナッのある東海岸は、車で八時間ほどかかる。学生二人を連れて、二〇一二年四月、六月、そして一〇月の三回、ウル・カルンパンに入った。訪問前、営林署長ソフィアン・モハマド・サイビさんとのやりとりでは、あまり乗り気ではないらしく、スタッフは

(a)

(b)

図3-7　ラウンダーバートのオブジェ
a：サンダカンのラウンダーバートにあるオランウータンとテングザルのオブジェ。b：クナッのラウンダーバートにあるアブラヤシと思われるオブジェ。幹の上に巨大な房が一つだけ置かれている。

図3－8　ウル・カルンパンで撮影されたバンテン（オス）

忙しいため同行は厳しいといわれていた。しかし、実際に会っていろいろと話し込むうちに、全面協力してくれることになった。森に入ってわかったことだが、荒れた森は非常に厄介で、いたるところにある過去の伐採道路や貯木場には、今では匍匐性の竹やラタンが生い茂っていた。そのため、前に進むだけでも大変な労力がかかり、道にも迷いやすいのである。スタッフの同行なしでの調査はとても無理であった。実際、初回は現地スタッフさえも道がわからなくなり、さらに現場リーダーのムズリ・マジャリンさんがGPSを落とす始末。行きつ戻りつ迷いながら道なき道を進み、目的地に着いたのは夜中だった。われわれは川沿いにテントやハンモックキャンプを張り、そこをベースキャンプとした（口絵⑦、⑧）。翌朝、用を足しに行く途中で、古い大きな蹄の跡を見つける。さらに対岸の草地へ行くと、バンテンと思われる足跡と古い糞、草がなぎ倒された休息痕が残されていた。ここはまさに、バンテンの行動圏内のようである。われわれはベースキャンプを中心に糞を探しながら、カメラトラップを設置した。

そして、二回目の訪問時、ベースキャンプの対岸に設置した動画カメラに、バンテンの群れが記録されていたのである。さらに単独オスも確認された（図3－8）。この結果にはみなで驚き、喜びを分かち合った。森林局局長と営林署長にも満足してもらい、ウル・カルンパンの森林管理にカメラトラップを使ったバンテンのモニタリングが盛り込まれた。

しかし、三回目の訪問では、大雨による洪水で数台のカメラが水没・故障し、さらに、前回活躍した動画カメラはなくなっていた。何も残っていないところから、人間の仕業であると思われた。こんなところまで人が入るのかと、しばらくみなで呆然としてしまう。彼らは密猟や香木を探している最中にカメラの存在に気づいたのであろう。密猟される野生動物には、経済価値の高いマレーグマの胆嚢（通称「クマの胆」）やセンザンコウ、もちろんバンテンも含まれる。また、香木とは、お香の原料となるもので、高値で取引されている。密猟者や香木盗りをする村人は、外部からの依頼で森に入る場合が多く、森のどこからでも出入りする彼らの取締りは一筋縄ではいかず、生活基盤の保障や教育が徹底されない限り解決は難しい。現場の問題を垣間見ることとなった。

【未確認生息地2】人と人との軋轢の開発地、シピタン商業林

二〇一二年七月、ウル・カルンパン同様に学生二人を連れて、サバ州森林局が管轄しているシピ

タン／ウル・パダス商業林（以下、シピタン［「はじめに」の地図参照］：二四万五七六四ヘクタール）へと向かった。コタキナバルから四時間、南にまっすぐ下るとシピタンという小さな港に着く。シピタン地区を管轄する営林署に行き、署長のムハマド・バカールさんとSabah Forest Industries（以下、SFI）のジョアン・ジョージさんに会う。SFIは、パルプ用樹種を栽培、それをもとに主として紙を生産・販売している民間会社である（第1章参照）。二〇万ヘクタール以上ある広大なシピタンの森を、パルプ用樹種林へと転換、その後、伐採と植林を繰り返している。二〇〇四年時点でシピタンのおよそ半分にあたる一三万ヘクタールがプランテーションに転換されている（Far et al., 2008）。そんな開発中の土地にバンテンがいるのだという。「写真はないが、四肢が白いので家畜ウシではない」と強調される。これまで、州内におけるバンテンの分布域は、州中央部から東部にかけてだったが、ここでの生息が確認されると、分布域が州内西南部に拡大することになる。しかも、バンテンの分布域は、クランバのような標高八メートルからマリアウベースンのような三〇〇メートル前後の低地林が一般的と考えられていたが、シピタンは標高一〇〇〇メートル前後もある。

調査の要領は、ウル・カルンパンと同じである。うわさのある地区に入り、歩き回ってバンテンの痕跡を探す。そして、バンテンが利用していそうなケモノ道を見つけては、そこにカメラトラップを設置する。森林局もSFIも非常に協力的で、現場に精通したスタッフの派遣や、宿舎も提供してくれた。そのスタッフの中には、ベテランのスルタン・ダワットさんがおり、年齢は五〇を過ぎていたが、驚くほど軽快に森の中を歩き回った。宿舎は、以前は伐採キャンプ、今は商店として利用され、伐採木を運ぶトラックの運転手や現場スタッフの憩いの場になっていた（図3－9）。ただ、部屋のほうは雨漏りがひどく、さらに標高が高いため、雨夜は想像以上の寒さであった。

シピタンでの調査は、七月と一〇月の二回行った。この地域はこれまで歩き回ったサバ州内でもかなり起伏が激しかった。森の入口まで車で送ってもらい、帰りの予定時刻を告げて別れる。斜面を数百メートル一気に下り川に出ると、今度は川沿いにひたすら歩く。そして、ケモノ道を見つけては、森に入るということを繰り返す（図3－10）。沢沿いのケモノ道を重点的に調べるのである。大型のバンテンなら沢への出入り口が大きく開いており、川岸なら足跡も見つけやすい。ひたすら歩きながら、それらしい痕跡を

図3－9　シピタンの休憩所兼宿舎（左から3番目がスルタンさん）

図3－10　川沿いに見つけたケモノ道

見つけてはカメラを設置するのである。

途中、荒れた林には必ず出てくる匍匐性の竹が食べられているのを見つけた。それは、一般に動物が好む新芽部分の食痕ではなく、明らかに硬い茎の部分が切断されており、直径三センチメートル、長さ五〇センチメートルほどの茎が三本落ちていた。当初イノシシかと思ったが、周辺に残されていたのは、イノシシに特徴的な副蹄をもたない丸くて大きな蹄の痕で、バンテンの可能性が高い。このような竹の茎部分の食痕は今のところほかの地域では確認していない。また、大きな糞が集中する場所も見つけた。古い糞と比較的新しい糞が混在しており、この場所が繰り返し利用されていることを示していた。

川沿いに歩いていくと、突然、木が伐られ焼き払われた土地が現れた。トタン屋根の小屋があるが人の気配はしない。そこにはタバコの空箱やペットボトルが散乱していた。看板があり、「われわれの土地」と書かれていた。どうもＳＦＩの開発に反対する住民がつくったものらしい。この土地は先祖代々のものであると所有権を主張しているが、それを示す根拠は何もないという。ほかの場所には「入るべからず」という結界を意味する印が小道を塞いでいた。開発する側とされる側との軋轢、一筋縄ではいかない、この地域が抱える問題を象徴していた。

あれこれ見て歩くうちに、辺りは暗くなりはじめた。またもや道に迷ったらしい。視界が悪く、そもそも道がない熱帯の森は、現場に精通したスタッフさえも道に迷う。当初、スルタンさんは、ＧＰＳは俺の頭の中にあると自信満々にいっていたのであるが……。しかも夕方の雷雨で川は増水し、腰まで水に浸かりながら帰り道を探した。突然、スルタンさんが、川歩きにズボンは要らないといい、ブリーフ一枚で歩きだす。そんな彼のあとを、列を成して無心について歩くしかなかった。そして、ついに見覚えのある場所にたどり着き、冷え切った重い足を引きずるようにして急峻な長い斜面を登った。地形が平坦になると、学生たちの顔にもようやく笑みが戻りはじめる。

「もうすぐ車だ」

しかし、期待は見事に裏切られた。今朝ドライバーと約束した場所に、車が見当たらない。仕方なく、車できた道をゆっくり歩くことにした。途中、パルプ材を積む大型トレーラーが休憩しているのを見つけドライバーに話しかける。彼は、泥まみれで憔悴（しょうすい）しきったわれわれに同情し、甘いコーヒーを入れてくれた。その一杯のおかげで一息つくことができ、そこで迎えの車を待つことにした。それからだいぶ経って車のライトが近づいてくるのが見えた。

図3-11　シピタンで撮影されたバンテン
上：オス2頭。下：メス。

「待っていたのにこないから、オフィスに戻っていたよ」

観たいテレビでもあったのだろうか。みな心の中では怒っていたのだろうが何かいう気力もなく荷台に乗り込み宿舎へと向かった。夜霧の中、寒さに震えながら宿舎にたどり着いたのは深夜零時を過ぎていた。

苦労したかいあって、バンテンの生息を確認することができた。川沿いでは二頭の成熟オス、尾根では雌雄混在の群れが撮影された（図3－11）。シピタンのバンテンは、パルプ・プランテーションの開発によって、低地から高標域に追い込まれ、さらにその範囲は狭められていったのだろう。シピタンは、比較的アクセスがよく、バンテンの分布が狭い範囲に制限され、そして、アジアゾウが分布していないために機材破壊の心配がないという利点がある。そのため、バンテンの飼育繁殖施設をつくるのも一つの手段であると思われた。しかし、地形が急峻で、囲い込みが容易ではないことと、何より一番の問題は、この地域で開発側と地元住民との間で軋轢が生じていることであり、それを無視して、この地域をバンテンの保全地域にすることは難しいと感じた。

【未確認生息地3】灯台下暗し、パイタン商業林

二〇一四年二月、州都から比較的近いパイタン商業林（以下、パイタン［「はじめに」の地図参照］：七万九〇〇ヘクタール）にバンテンが生息しているらしいという情報を、京都大学の鮫島弘光さんから入手した。そこで翌月の三月、私とハミドさんはパイタンへと向かった。コタキナバルから北へ三時間半、ピタスに入って間もなくのところにある。この道は、サバ州北側の周遊道路として開通し、コタキナバルからのアクセスが非常によい。また、森の地形は比較的なだらかで歩きやすく、先に紹介したシピタンとはだいぶ異なる。さらに、サバ州森林局が民間会社に委託管理しており、その会社経営者が調査に協力的なことも助かった。パイタンを知る以前は、バンテンの飼育繁殖は、シピタンが第一候補地であったが、開発側と開発される側との軋轢問題、高標高で急峻という地形問題が壁となっていた。パイタンでバンテン生息の証拠をつかめば、シピタンの問題点はクリアーされるのである。

私とハミドさん、パイタンのレンジャーの三人で森に入った。旧伐採道路の入口まで車でいき、そこからはトゲのある草本で覆われた道を藪こぎしながら歩く。そのうち雨がぱらつきはじめる。すると間もなくして、古い大きな足跡を複数見つけた。その大きさからバンテンの成熟オスであることは確実であった。車から遠くない場所で、バンテンの足跡を見つけられたことに胸が躍った。しばらくして、旧伐採道路が走る尾根に出た。しかしそれに混じって、なぜか人の足跡も複数見つかり不安になる。

「村人?」

レンジャーが首をかしげる。雨が激しくなってきたので、道をそれて森の中に逃げ込むと、新しい切り口の立木が続いているのに気づく。その先へと進んでいくと、坂の下に雨よけのシートが張られたキャンプが見えた。

「密猟者?」

レンジャーが様子を見にいくと、麻袋に二本の丸太を通してつくったベッドが八人分あったという。様子から判断して、香木窃盗団のようだ。われわれの目的は窃盗団を探すことではないので、まずは調査を優先した。ウル・カルンパンやシピタン同様、バンテンと思われる痕跡を探し、痕跡の多い場所にカメラトラップを設置し証拠写真を撮り、その個体や群れ情報を得ることである。雨足が強くなるなか作業を行い、作業を終えると同時に雨はあがった。

帰り際、やはり気になるので先ほどのキャンプに立ち寄ると、数人がわれわれに気づいて森の中へ走り去った。残った一人に、「警察ではない」「何もしない」と何度もいいながら近づいた。われわれの予想どおり、彼らは香木盗りのために雇われていた。インドネシアから観光ビザで入国し、雇い人にパイタン近くまで送迎されたという。手づくりの一〇〇リットル以上はあるザックを担いで歩き回り、今の場所をベースキャンプにして一カ月ほど経つという。塩と砂糖、米、嗜好品を持参した以外は、現地調達しているらしい。

「香木窃盗団」。現地ではよく聞く話だが、まさか本当に出会うとは思いもよらなかった。出会ったとき、「銃やパラン（山刀）を突きつけられたら」という不安がよぎったが、それは杞憂だった。熱い紅茶がふるまわれ、しばらく雑談する。しまいには、どうして日本人がこんなところにいるのか不思議がられた。お互いさまである。それにしても、パイタンは人の手が入り過ぎた荒れた森で、まともな香木が残っているとはとても思えなかった。実際、収穫はほとんどないらしい。われわれがキャンプを去る際、レンジャーは三日以内に森を出るよう忠告し、私はカメラトラップを見つけても役立つものではないと言い残し、握手をして別れた。

同年九月、ふたたびパイタンを訪れた。カメラトラップは無事で、そこには複数頭のバンテン、

図 3－12　竹筒に塩を入れヒモで吊るす人工塩場

しかも親子が写っていた。今回は、ただただカメラトラップを置くだけでなく、できるだけ多くの個体情報が得られるようカメラトラップ前にバンテンを留まらせるために人工塩場を設置することにした。人工塩場といっても地面につくると雨で洗い流されたり、イノシシに荒らされたりするため、竹筒に塩を詰め、樹上から吊り下げる方法をとった（図3－12）。竹筒は塩漬け状態となり、動物は竹筒を舐めようとするものの、吊り下げてあるためうまく舐められず時間がかかる。これは写真を撮るうえでも、人工塩場を長く維持するうえでも都合がよい。また、有刺鉄線で吊り下げればサルからの、吊り下げる位置をバンテンの体高に合わせればイノシシからの破壊を防ぐこともできると考えた。もともとは現地の酪農家の手法だが「これは使える」と、採用した。この人工塩場は、アジアゾウが分布していない地域であればほかの有蹄類でも利用できると思われ、その効果のほどは近い将来報告できるだろう。

サバ大学に所属したことで、これまでのデラマコットやマルア以外にも、クランバ、マリアウベースン、ウル・カルンパン、シピタン、パイタンなどの複数の森を訪れる機会に恵まれた。とくに今回、バンテンの生息をはじめて確認した三地域、ウル・カルンパンは州最南東部、シピタンは州最南西部、そしてパイタンは州最北西部に位置しており、ほかの地域から分断・隔離されている。現在、これらの集団をどのように扱っていくべきかが問われている。その中でもパイタンはアクセスがよく、州都コタキナバルから四時間強でバンテンの生息エリアに入ることができ、かつアジアゾウが分布していない。この二点は、調査するうえで通いやすく、調査機材が破壊されないというメリットをもつため、バンテンの生態や保全を考えるうえで鍵となる地域である。

ボルネオバンテンの謎

われわれの研究以前、バンテン三亜種の中でも、ボルネオバンテンはもっとも情報が少なく、家畜ウシとの交雑がうわさされ、ボルネオバンテンという亜種の存在価値さえ疑われていた。しかし本研究では、交雑個体は確認されず、ボルネオバンテンの存在価値が示された。その一方で、ボルネオバンテンがほかの亜種よりも別種のガウルに遺伝的に近いことがわかり、亜種としてのボルネオバンテンの分類を見直す必要性が示された。これらの結果の信頼性をあげるには、より多くの情報に基づいて検討する必要がある。

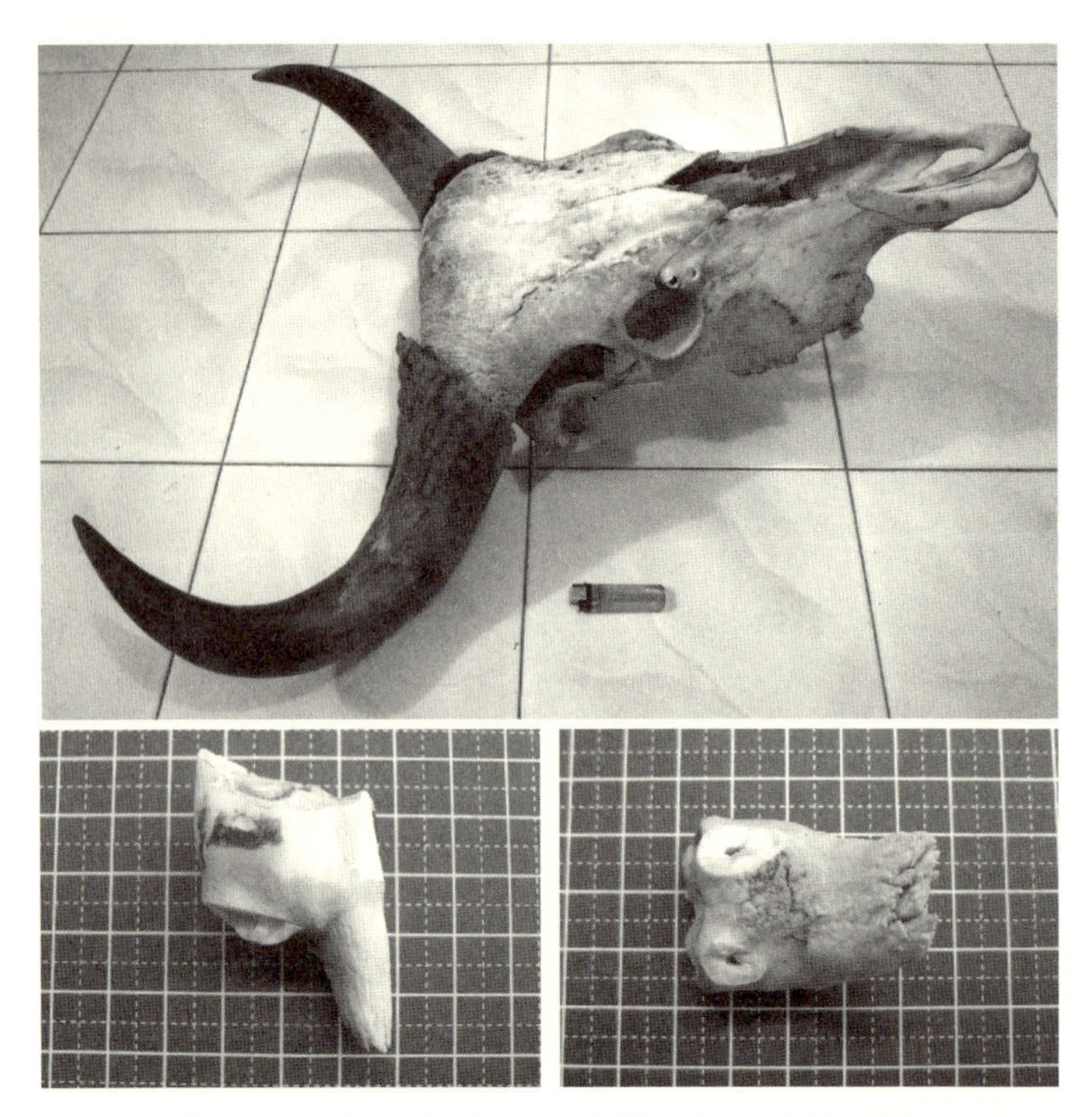

図3－13　密猟されたバンテンの頭骨（上）から採取した歯
横から（左下）と下から（右下）見たもの。歯根を切断し、歯髄（穴の部分）からDNAを抽出できる。

そこで私は、ミトコンドリアDNAの全配列を読めないか、学部後輩の石毛太一郎さんと覚張さんにお願いした。石毛さんは東京農業大学のゲノムセンターで研究員をしており、次世代シークエンサー（断片化した大量のゲノムDNAを同時並行で解読することで、短時間で大量の情報を得ることができる機械）の使い手である。当初、糞由来のミトコンドリアDNAについて、試しに読んでもらおうとしたが、分解が進み過ぎていたため解析はできなかった。そこで次に目をつけたのが、以前、マルアで得られた密猟個体の歯であった（図3－13）。歯髄のほうが糞よりも質のよいDNAが採れるという。このような作業をサバ大学で行うことは無理なため、サバ大学からの依頼解析という形で研究を進めることにした。そこで、覚張さんには歯髄からの全ミトコンドリアDNAの抽出を、石毛さんには抽出した全ミトコンドリアDNAの次世代シークエンサーによる解析をお願いした。

その結果、ボルネオバンテンの全ミトコンドリア配列は、家畜ウシと遺伝的に離れていることはもちろん、やはりなぜかガウルに近縁という、先の論文をサポートするものであった（図3－14）。この報告を受けた私とハミドさんは、二人で胸をなで下ろした。さらに興味深いこともわかった。解読したDNA配列はほかのバンテン亜種よりもガウルに近いが、「ガウルともかなり違っていた」のである。アミノ酸配列に変換して調べたところ、複数の非同義置換（アミノ酸の種類が変わる塩基置換）が見つかり、変化しにくいはずの配列もだいぶ違っていたのである。

ここで再度、ボルネオバンテンの由来について考察してみる。東南アジアの哺乳類研究者で著名なエリック・メイジャードさんの博士論文（Meijaard, 2004）に興味深い記述がある。バンテン三亜種の頭骨を計測した結果、アジア大陸とジャワ島の両集団は非常に似ているが、ボルネオ島の集団は明らかに異なることが判明した。ボルネオ島集団の頭骨は、アジア大陸やジャワ島の集団のものより小さく、相対的にまっすぐな角、比較的短い頭蓋に対して相対的に長い歯列といった特徴があるという。すなわち、形態学的なアプローチによってもボルネオバンテンの特異性が指摘されているのである。彼は、これらバンテン三亜種の起源に関する仮説を立てた。そのうちの一つに「ア

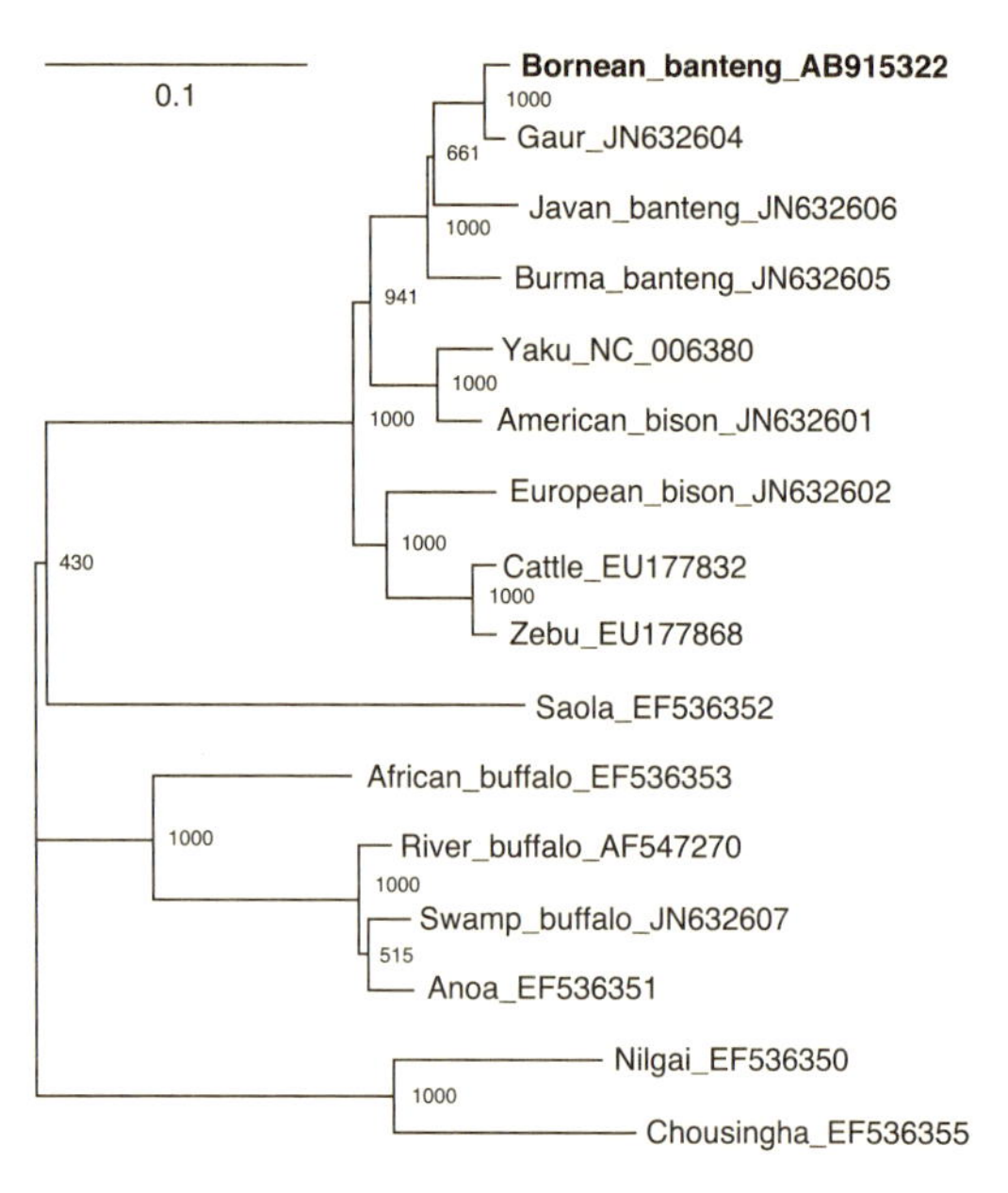

図3－14　ミトコンドリアDNA全域から作成した近縁種間の系統樹

ボルネオバンテン（Bornean banteng）のミトコンドリアDNA全配列を近縁種間で比較した結果、やはり別亜種のビルマバンテン（Burma banteng）やジャワバンテン（Javan banteng）よりも別種のガウル（Gaur）に近いという結果がサポートされた。動物種名に続く番号はGenBankの登録番号を示しており、これをGenBankのウェブサイトで入力検索することで詳細な配列情報を誰でも閲覧することができる。

ジア大陸バンテン移入説」というのがある。アジア大陸では近縁種のガウルの化石が多数見つかるが、バンテンの化石はほとんどなく、あるといわれている化石についても信頼性は不明であると彼は考える。そして予想されるのが、アジア大陸からバンテンの祖先種がスンダランドに分散したあと、ジャワ島のバンテン集団の一部が、比較的新しい時代に人の手によってアジア大陸へ移入されたのではないかというものである。そのように考えると、現生するバンテンのジャワ集団とアジア大陸集団は似ており、かつアジア大陸から化石が出てこないことの説明もつく。その一方で、ボルネオバンテンの由来に関する考察は少ない。そして論文の終わりに、彼は分子生物学的なアプローチによる仮説検証の必要性を指摘している。

今回明らかとなったボルネオバンテンのミトコンドリアDNA全配列の解析結果は、アジア大陸からスンダランドに渡ってきたボルネオバンテンの祖先種がジャワバンテンのものとは異なること、両種は亜種ではなく別種であることを強く示唆している。さっそく石毛さんが論文を書いて投稿した。すると時間のかかった前回とは違って、今回は一カ月かからずに受理されたのであった（Ishige et al., Published online 2015）。

家畜ウシの祖先はオーロックスという絶滅種である。このオーロックスの画が推定年代一万七〇〇〇年前のフランスのラスコー洞窟の壁画に残っている。二〇〇二年、東カリマンタン州から多数の洞窟壁画が発見された。推定年代一万二〇〇〇年前という洞窟壁画にはバンテンの画も描かれている（ちなみに二〇一四年、インドネシアのスラウェシ島で推定年代三万～四万年前の世界最古の洞窟壁画が見つかり、バビルサなどの野生動物も描かれていた）。初期の人類と野生ウシとの関わりの深さを示しており非常に興味深く、ロマンを感じるのは私だけではないだろう。

バンテンの飼育繁殖（captive breeding）に向けて

サバ州のバンテンは、ポスト・スマトラサイと呼ばれるほど個体数が少ない。スマトラサイは現在、飼育繁殖が試みられているが、状況はあまりよくない。これはスマトラサイの繁殖そのものが難しいのかもしれないが、集団が小さくなりすぎたことによる弊害が出ているとも考えられる。われわれはスマトラサイの事例を教訓として、バンテンについては、今のうちに飼育繁殖に取り組む必要がある。しかし今のところ、ボルネオバンテンの飼育個体は皆無である（コタキナバルの動物園にいるのは家畜ウシとの交雑品種で実はバンテンではない）。半島マレーシアでは、ガウルの飼育繁殖を実施している。驚くべきことに、飼育個体の大もとは、母親が採食に出かけた際に残されたコドモを捕まえたものだという。警戒心が高く、情報が乏しいバンテンでは、そのような捕獲方法はきわめて難しい。捕獲方法については検討する必要があるにしても、まずは拠点を見つけることが先決である。

今回、新たに確認された生息地も含めた中で、これまでまったく注目されていなかったパイタン商業林が、ボルネオバンテン飼育繁殖計画にもっとも適した場所であることがわかった。現在、パイタンの特徴を活かした飼育繁殖計画について、マレーシア側は森林局、野生生物局、サバ大学など、日本側は東京農業大学と京都大学が参加して話を進めている。

※　※　※　※　※

さて、第2、3章では、生息地保全と商業林管理の意義、生態情報と遺伝情報の意義について、ボルネオ島サバ州での調査研究を通じて紹介した。次の第4章では、島嶼部東南アジアのボルネオ島から離れ、世界に目を向ける。南アジアのインド、東アフリカのタンザニア、そして南米ブラジルの絶滅危惧動物の現状と問題について取りあげる。

●サバ大学で働く(3)● 講義一二〇分、定期試験一八〇分

サバ大学に所属してしばらく経ったある日、新年度の授業担当に関する会議があった。大学にきたばかりで右も左もわからない新米の私であったが、学位取得のために国外留学する教員の後任として、容赦なく四科目が振り分けられた。しかも、引き継ぎをすることもなく前任者は消えてしまったため、一から準備する必要があった。私はサバ大学に勤める前、日本では東京農業大学と駒沢大学で非常勤講師をしていたが、マレーシアの学生を対象に話すのははじめてである。講義は、英語かマレー語で行う必要があり、何より講義時間が一二〇分と日本（九〇分）と比べて三〇分も長い。とりあえず私は、私にとって無難なやり方、パワーポイントは英語、説明はマレー語というスタイルを取ることとし、日夜パワーポイントづくりに追われる忙しい日々が始まった。

初講義は、五〇人ほどの学部三年生が相手だった。緊張したものの、想像していたよりもやりやすかった。それはなぜか。学生がよく質問をしてくれたからである。日本の場合、講義中に学生が質問をしてくることは珍しい（ほとんどない）。そのため、九〇分間の講義で、ただひたすら一方的に話し、質問は講義終了後にするか、出席カードなどの裏に書いてくることがふ

つうである。しかし、サバ大学の学生たちは、日本人がサバ訛りのマレー語で一生懸命説明する姿を見てか、気軽に質問してくれた。それは私にとって救いだった。

最初の年は講義の準備に追われたが、翌年には要領を得て余裕が生まれた。私は、講義内容に日本を含めたアジア地域の野生動物研究の最新情報や、私自身がボルネオ島で行ってきた研究を積極的に紹介した。調査に同行したいと申し出る学生も現れ、一緒にフィールドへ出るようになった。また、講義は座学だけでなく、フィールドトリップという野外授業もあった（写真）。二泊三日で調査地のデラマコット商業林を訪れ、昼間は持続的な森林管理の実際や塩場を見学し、夜間は森林局の

デラマコット商業林の伐採現場を熱心に見学するサバ大学の学生たち

スタッフによる森林管理に関する講義、その後はナイトドライブでの野生動物観察をした。

マレーシアは、多民族国家である。マレー系、中華系、インド系、さらにサバ州の場合、先住民の多くを占めるカダザン系、そのほかの学生たちが混在している。マレーシア政府は、ブミプトラ政策というマレー系や先住民部族を優遇する政策をとっているため、学生数の割合に大きく反映されている。また、女子学生のほうが、男子学生よりも圧倒的に多く、かつ真面目で、概して成績もよかった。それは受講態度にも表れ、女子学生は前列、男子学生は後列に座る傾向があり、質問も女子学生からのものが多かった。このようなことは、マレーシアのほかの大学でも同じだという。女子学生の積極性は、最近の日本の大学でもいえるかもしれない。また、マレー系の学生はイスラム教徒である。そのため、マレー系の女子学生の多くは、トドンという布を被っているため髪型がわからず、顔を覚えるのに時間がかかった。

講義の次は成績評価である。意外なことに、評価方法が多岐にわたり、中間試験、期末試験、小試験、レポート、そして出席などを考慮して行われる。期末試験問題は、実施の二カ月前に問題を作成し大学本部へ提出する必要があり、決められた様式に沿っていないと修正を求められた。試験問題は、英語とマレー語で書くため、マレー語への翻訳はほかの教員にお願いした。驚いたのは、試験時間一八〇分がふつうだということである。これは日本の大学院入試並みの長さである。さらに、試験時間が長く、かつ教室はエアコンが効きすぎているためか、試験中にトイレに立つ学生が少なくなかった。その際は事務員が付き添っていた。また、試験結果は会議の議題となり、結果が一山型に正規分布していないと大学本部から改善命令があるという。

とても大雑把な部分がある一方で、意外に細かいルールがあることに、マレーシア人の意外な一面を垣間見た。

第４章

絶滅危惧動物 フィールドレポート
—インド、タンザニア、ブラジルの事例—

ンゴロンゴロクレーター内の様子

本章では東南アジア以外の熱帯地域に生息する絶滅危惧動物を取り上げることで、問題点の共通性や地域性を理解したい。まず、ユーラシア大陸の一部を構成しているインド（バンディプル国立公園）、次いでユーラシア大陸に連接するアフリカ大陸（タンザニア・ンゴロンゴロ国立公園、ゴンベ国立公園）、最後にユーラシア大陸からもっとも遠い南アメリカ大陸に広がるアマゾン川（ブラジル・マナウス）の絶滅危惧動物たちの現状について取り上げる。

サバ大学に所属していた二〇一〇年、京都大学野生動物研究センター（幸島司郎センター長）のプロジェクト「大型動物研究を軸とする熱帯生物多様性保全研究」が、日本学術振興財団研究拠点形成事業に採択された。このプロジェクトは、マレーシア（サバ大学、マレーシア科学大学）やインド（インド科学大学）、ブラジル（国立アマゾン研究所）をおもな拠点としながら、熱帯生物多様性保全に関する研究、若手研究者育成のための国際協力ネットワークの強化、そして生息地に直結した動物観察施設の実現を目標としている。とくに動物観察施設の整備は、生息地保全、動物福祉、研究教育、エコツーリズム（地域経済）、先住民福祉などへのリンクも期待されている。そのようなプロジェクト活動の一つに、毎年各拠点が合同で開催するワークショップ兼フィールドトリップがあり、私も参加させてもらうことができた。そこで本章では、まずはフィールドトリップで訪れたインドとタンザニアの国立公園、次いで新プロジェクトの現地視察で訪れたブラジル・マナウス周辺で見た野生動物と生息地の様子などを紹介する。

一　多くの動物神がいる国、インドへ

ヒンドゥー教のインドでは、しばしば動物たちは神や神の乗り物として神聖視されている。たとえば、オナガザル科のハヌマンラングールはハヌマンという風の神、ゾウはガネーシャという商売や学問の神のモデル兼使者として、ウシはヒンドゥー教三大神（創造神ブラフマー、維持神ヴィシュヌ、そして破壊神シヴァ）のうち、シヴァの乗り物としてなどである。このように動物を神聖視するという宗教的な理由からベジタリアンが多い。インドでドール（アカオオカミ）の生態と行動を調べている京都大学野生動物研究センター大学院生の澤栗秀太さんによると、インドではヒンドゥー教徒が全人口の八割、ベジタリアンが三割程度を占めており、狩猟は東南アジアやアフリカに比べると少ないようだ。その中で狩猟をする人びとは、国外需要による金銭目的、あるいは信仰心の低い人々や地域住民の食料目的だという。

南インドのペリワールタイガー保護区での狩猟に関する聞き取り調査によると、回答者一八三人中、三二・八%が過去に、七・一%が現在も狩猟をしていることがわかった。狩猟対象種の六八・五%を中大型哺乳類が占め、その多くが大型のシカであるサンバー（五六・七%）やイノシシ（四五・〇%）、ガウル（二六・七%）であり、家庭や地元での消費を目的とする狩猟であることを報告している（Gubbi & Linkie, 2012）。この結果を見る限り、南インドの状況はボルネオ島ほどではな

いにしても、野生動物は人を避けて生活し、見るのは簡単ではないと思われた。

二〇一三年九月、午前一〇時半に成田を飛び立ち、マレーシアのクアラルンプール経由で南インドのデカン高原に位置する高原都市バンガロール国際空港に到着したのは深夜だった。今回の目的は、インド科学大学で開催される国際ワークショップへの参加とバンディプル国立公園の視察である。インド科学大学にはアジアゾウ研究の第一人者のラマン・スクマールさんがおり、このプロジェクトのインド側の責任者になっていた。ここでは、私の野生動物観が覆されたバンディプル国立公園と、そこに生息するインドゾウとベンガルトラについて取り上げる。

南インド、バンディプル国立公園

混沌としたバンガロールの街を離れると殺風景な景色が流れていく。途中、荷車を引くコブウシを見る。バンガロールからバスで五時間、バンディプル国立公園（以下、バンディプル：八万七四〇〇ヘクタール）に到着した。バンディプルは、南インド西ガート山脈南部に位置しており、別名バンディプル・トラ保護区とも呼ばれ、貴重なトラの生息地になっている。

「サファリ」とはスワヒリ語で「旅」を意味する。そして今日では、とくに車に乗って野生動物を見てまわることもさす。私自身、ボルネオ島では何度も経験しているが、それは夜の話。サーチライトを照らしながらシャイな動物たちを探す「ナイト・サファリ」である。しかし今回、インドで私のサファリ観が大きく変わることになった。結論からいってしまえば、サファリの時間帯は真っ昼間、しかも人目を恐れることなく動物たちが次々に現れるのである。それはまるで動物園のアトラクションのようであった。

車に乗り込んだ私は、インドマメジカやガウルが見たいと期待に胸が躍った。まず、保護区ゲートに入る前から登場したのはヒョウ（*Panthera pardus*）である。車が急に止まったことに警戒してか、すぐに隠れてしまった。もともと数が少ない大型肉食獣がこんなにも簡単に見られるものなのかと驚く一方、草食獣はどれだけいるのだろうかとますます期待が膨らむ。ちなみにヒョウは、西はアフリカから中東、南・東南・中央アジアと広域に分布しており、九つの亜種に分類されている。IUCNレッドリストでは絶滅危惧の前段階、準絶滅危惧（Near Threatened）として扱われている。ただし絶滅の恐れのある地域個体群も存在し、たとえばジャワ島のジャワヒョウなどは、繁殖可能個体数が二五〇頭を下回り絶滅危惧I類として扱われている。

ゲートをくぐると次々に動物が現れた（図4-1）。体表の白斑が綺麗なアクシスジカの群れに始まり、哺乳類で最初に子殺しが報告されたことで知られるハヌマンラングールの群れ、トラの足跡、インドゾウの母子、ガウルの群れ、そしてナマケグマである。そして翌朝のサファリでは、アクシスジカの群れ、ナマケグマの母子、インドゾウの母子、ハヌマンラングールの群れ、そしてガウルの単独オスに出会った（口絵⑰）。その後、立派な牙をもったオスのインドゾウも観ることができた（口絵⑨）。午後、三度目のサファリでは、イノシシ、インドゾウの母子、ガウルの群れ、ドールの群れ、そして締めくくりはベンガルトラであった。期待していたインドマメジカは見られなかったが、合計一〇種類以上の中大型哺乳類を観察することができた。

私の当初の予想は大きく外れ、バンディプル国立公園は、野生動物の楽園のようであった。なぜ、

図４−１　バンディプル国立公園の動物たち

左上：塩場と思われる場所で土食いをするアクシスジカ。右上：インドゾウ。左下：ドール。右下：ハヌマンラングール。

図４−２　サファリに参加するインドの人々

これほどまでに動物を見られるのだろうか。サファリ中に気になったのは、土食いのために窪地が目立ったことである。サファリの範囲はそれほど広域というわけではないにもかかわらず、あれだけの草食獣を抱えられるのだから、単に保護されているから多いのではなく、もともと多い場所にサファリルートを設けたように思われる。もしかしたら、あの土壌に秘密があるのかもしれない。当たり前だが、サファリ中に車から降りることは厳禁であったのが残念であった。

バンディプル国立公園で意外に感じたのは、サファリ参加者にインド人が多数いることだった（図4-2）。多くのサファリ観光地（この後で紹介するタンザニアの国立公園しかりである）では、外国人旅行者が大半を占める場合が多い。もちろん、インドの中にも外国人をターゲットとした国立公園があるのかもしれないが、バンディプルの適正な料金設定ならびに国民の関心の高さを少なからず示すものである。「知る機会」があるということは関心をもつうえで不可欠であり、そのような現場を見られたのも有意義であった。

【絶滅危惧動物ファイル⑦】インドゾウ

インドゾウ（*Elephas maximus indicus*：EN）はアジアゾウ三亜種の一つであり、ほかの二亜種（スリランカのスリランカゾウ *E. m. maximus* とインドネシア・マレーシア島嶼部のスマトラゾウ *E. m. sumatranus*）に比べて広域に分布している。ただし、生息地が断片化しているため分布は連続しておらず、集団間の交流に地域的な偏りのあることが予想される。インド国外において象牙需要が高いために、立派な牙をもつオスの密猟が絶えず個体数は減少の一途をたどり、それが要因となって性比がメスに大きく偏る結果を招いている。

生物集団を考える際に重要なのは、繁殖に関われる個体の数「有効集団サイズ」である。実際の個体数には未成熟あるいは老齢個体が混在しているため、有効集団サイズは実際の個体数（センサスサイズ）よりも小さい。一般的に、有効集団サイズはセンサスサイズの一一％であるという。有効集団サイズの推定で必要な要因の一つに性比がある。たとえば、南インドにおいてアジアゾウの個体数を調べたところ、全体のセンサスサイズは一一六〇頭、そのうち成熟個体のセンサスサイズは六一一頭であった。その性比の内訳について見ると、象牙を狙った乱獲のために、なんとメスが六〇五個体に対してオスは六個体にすぎなかったという（Sukumar et al., 1998）。このように性比の偏りがある場合の有効集団サイズ（Ne）の推定値は以下の式で求められる。Nmは成熟オスの頭数、Nfは成熟メスの頭数である。

$$Ne = 4NmNf/(Nm + Nf) = 4 \times 6 \times 605/6 + 605 = 23.7$$

有効集団サイズは約二四頭でセンサスサイズ（一一六〇頭）の二％となり、これは平均的な値（一一％）と比べて著しく低い値である。センサスサイズに対する有効集団サイズの割合は、小さくなればなるほど集団の近交化が進行し遺伝的な多様性が失われやすくなることを示す。この南インドの事例を報告したのは、インド科学大学のスクマールさんらである。今回偶然にも、牙の長い希少な成熟オスに出会うことができたのは幸運だった（口絵⑨）。

インドでは、コーヒーや紅茶のプランテーション、あるいはダム建設などの大規模開発によって、ゾウの生息地が減少、孤立が進んでいる。そのため人との軋轢が深刻化しており、畑や人家がゾウによって破壊されるだけでなく、年間五〇〇人近い人々がゾウによって命を奪われているという。ゾウは陸上最大の哺乳類だが、そんな彼らが暴れたらどうなるであろうか。ワークショップでのスクマールさんのスライドの中に、長い牙をもった大きな雄がバスに牙を突っ込んだ状態の衝撃的な写真があった。その個体の「こめかみ」からは黒っぽい液が流れていた。発情したオスは、こめかみから性フェロモンを含む液を垂れ流し、この状態は「マスト」と呼ばれる。この性フェロモンはメスを誘引するものだが、「マスト」を迎えた個体は気性が荒くなり手がつけられなくなるのだ。

インドにおけるゾウと人との軋轢は、ほかの地域同様に深刻な問題の一つである。対策としては、ゾウにとって必要な生息環境の事前確保、分断された生息地間のコリドー（生息地どうしを結ぶ回廊）による連結、あるいは環境のよい生息地への移送などの集団管理に加えて、ゾウが人間の居住地に入らないよう電気柵や堀の設置、ゾウが好まない農作物の栽培、あるいは目的作物を守るためにゾウの食物を確保、さらには政府による社会保障制度の充実などをあげることはできるが、理想と現実のギャップは大きい。

【絶滅危惧動物ファイル⑧】ベンガルトラ

トラはネコ科最大種である。アジアに広域分布しており、現在六つの亜種に分類されている。ロシア極東部と中国北西部のアムールトラ、インドシナ半島周辺の北インドシナトラ、マレー半島のマレートラ、スマトラ島のスマトラトラ、インド周辺のベンガルトラ、そして絶滅した可能性の高い南シナトラである。その中において、ベンガルトラ（*Panthera tigris*：EN）は、ほかの亜種に比べて推定個体数が比較的多く、インドだけでも一七〇〇頭ほどが生息しているという。トラの生息数がほかの地域よりも群を抜いて多いインドは、トラに関連する押収品数の上位国でもある（Stoner and Pervushina, 2013）。トラの犬歯や爪、毛皮、さらに骨やオスの生殖器などに薬効があると信じられており、それらの高い商品価値が密猟を招いている。

トラは、ゾウやオランウータン同様、人々の関心が非常に高い動物である。インドにおけるトラ保護プロジェクトは、一九七三年インディラ・ガンジー政権のもと「プロジェクト・タイガー」として始まった。それ以降、WWFをはじめ世界中からトラの保護プロジェクト支援が行われている。しかし、人口増加の著しいインドでは、トラの生息地と人間の居住地が隣接あるいは重複するために、家畜や人間が襲われるという問題が生じている。たとえば、中央インドのタドバ・アンダーリ・トラ保護区周辺では、二〇〇五年から二〇一一年の六年間で一〇三人がトラに襲われている（Dhanwatey et al., 2013）。周辺とは保護区外のことで、被害の九六％がここで生じており、とくに林縁から二キロメートル以内にある集落での被害が多いという。住民側は、報復あるいは自衛手段としてトラを殺処分するケースが後を絶たない。この問題に対しては、住民の保護区周辺での活動制限あるいはグループでの活動、トラに関する教育などが提案されているが一筋縄ではいかないようだ。

バンディプル国立公園でのトラとの遭遇は、非常に印象深いものであった。緩い坂道をジープで下り始めるとその数百メートル先に、赤黄色に黒の縦縞模様のある動物がこちらを見ていた。今まで柵の中でしか見たことがなかったトラである。すると、道端の木々の匂いを嗅ぎながら悠々とこちらに向かってきた。これはチャンスと思い何度もシャッターを切るが、距離があるために今ひとつ。そのままズームレンズ越しに観察していると、トラは茂みに入り、車との距離を保ったまま道と平行に坂を上がってくる様子を何とか観ることができた。そして、やはり距離を保ったまま車の真横から茂み奥の開けた場所でくつろぐ様子を観察できたが、その存在感はほかの動物と比較にならないほど大きかった（口絵⑩）。

二　人類発祥の地、東アフリカ・タンザニアへ

二〇一四年九月、中東カタール経由でアフリカ東部に位置するタンザニアへと向かった。二三時頃、成田を飛び立ち、北インド上空以外は比較的安定した飛行で、経由地のカタール・ドーハ空港に到着したのは未明の四時頃であった。日本とカタールの時差は六時間あるが、カタールからタンザニアへは南下するだけなので時差はない。八時頃にカタールを発ち、昼過ぎにはタンザニアのダルエスサラーム国際空港に到着した。ここからシンポジウム開催地であるアリューシャまでは飛行機で一時間半ほどである。高地のため涼しく、そこに熱帯の雰囲気はなかった。

今回の目的は、昨年のインド同様に、国際ワークショップと国立公園の視察である。ここでは、インドを上回る衝撃を受けたンゴロンゴロ自然保護区ならびにゴンベ国立公園と、そこに生息する

多くの野生動物の中からライオン、カバ、そしてチンパンジーについて取り上げる。

ンゴロンゴロ自然保護区

ンゴロンゴロ自然保護区（以下、ンゴロンゴロ：八二万九二〇〇ヘクタール）は、ンゴロンゴロクレーターを含む広大な保護区である。ンゴロンゴロクレーターは、直径約二〇キロメートル、深さ約六〇〇メートル、火山活動を伴う大規模地殻変動の際に生じた噴火口の一つである。カルデラの面積は二万六一〇〇ヘクタールあり、川や湖といった水場、さらに天然の塩場である塩湖もある。その広大なサバンナ地域にはおびただしい数の貴重な野生動物が生息している。そのため、この地域はタンザニアではじめて世界自然遺産に登録されている。ワイルドビースト（ヌー）が縦一列にならんでゆっくりと行進する姿や、道をふさぐ大きな体のアフリカスイギュウの群れ、シマウマの群れ……子供の頃によく観た「野生の王国」というテレビ番組の映像が目の前に広がっており、現実のものとして受け入れるのに少し時間がかかった（図4-3）。インドでは、動物たちがブッシュから出たり入ったりしていたが、ここでは遮る物がないため数キロ先の動物までゴマ粒のように観ることができた（本章扉）。

また、この地域は野生動物の宝庫というだけでなく、人類誕生の地としても有名である。ンゴロンゴロクレーター北西部にあるオルドバイ渓谷からは、初期人類ホモ・ハビリスがルイス・リーキーさんらによって発見されている。さらに、オルドバイ南部のラエトリからは、猿人アウストラロピテクス・アファレンシスの二足歩行をしていた足跡化石も見つかっており、学術的にも傑出した

図4－3　ンゴロンゴロ自然保護区の動物たち
左上：アフリカゾウ。右上：ワイルドビースト。左下：アフリカスイギュウ。右下：インパラ。

図4－4　マサイ族の集落

地域である。

ンゴロンゴロクレーターへ向かう途中、ヤギの群れを操る真っ赤な布を纏った長身のマサイ族に何度か遭遇した。彼らの集落は、土壁の家と枯れ枝を組み合わせたフェンスからなるシンプルなつくりである（図4－4）。世界遺産のンゴロンゴロクレーター内においても、マサイの牧畜は認められており、野生動物の楽園だけではない人々の生活もそこにはあった。

ンゴロンゴロは話題の尽きない場所であるが、ここではライオンとカバについて紹介する。

【絶滅危惧動物ファイル⑨】ライオン

アフリカの肉食動物といえば、まずライオン（*Panthera leo*：VU）を思い浮かべるだろう。ライオンは、サハラ以南にアフリカライオンが三万頭前後、そして意外に思われるかもしれないが、アフリカ以外、インド西部のグジャラート州ギルフォレスト周辺にインドライオン（*Panthera leo persica*：Endangered）が三五〇頭ほど分布している。また、遺伝学的に見ると、アフリカライオンは、西・中央アフリカ集団と南・東アフリカ集団の二つに分類される。そして興味深いことに、西・中央アフリカ集団は、南・東アフリカ集団よりも遥かに離れたインドライオン集団により近縁であるという。

タンザニアは世界最大のライオン集団を抱えている。その中で、ンゴロンゴロクレーターのライオンは、クレーターの外へ出ないため、外部集団との間での個体の移動（遺伝子流動）がない。あるとき、吸血バエが媒介する病気がクレーター内のライオン集団で蔓延し、個体数が著しく減少したことがあった。その後、個体数を回復したが、外部との交流がない孤立状況は現在でも続いている。このライオン集団の免疫に関わるＭＨＣ遺伝子（主要組織適合遺伝子複合体：major histo-compatibility complex）の多様性や精子の形態を調べたところ、隣接するセレンゲティ国立公園の集団と比較して多様性が低く、異常精子の割合が高いことがわかった（Wildt et al., 1987; Yuhki and O'Brien, 1990; Packer et al., 1991）。ちなみにＭＨＣ遺伝子によりコードされているタンパク質は、細胞内に進入した細菌、ウイルス、毒素などの非自己抗原、あるいは細胞内で合成された抗原を、細胞の外に提示する働きがある。抗原が提示されると、それをリンパ球が認識して、抗原から体を守る免疫反応が機能する。そのため、ＭＨＣ遺伝子の多様性が高ければ、より多くの抗原を認識することができる。このことを踏まえるとンゴロンゴロクレーターのライオン集団は、将来的に抗病性や繁殖率の低下という弊害を招くことが予想されている。この事例は、ボトルネック効果（ある集団の個体数が一時的に急激に減少することをビンの首に例えたもので、激減したことで遺伝子型に偏りが生じ、個体数回復後も遺伝的多様性の低い集団となる。広義の遺伝的浮動に含める場合もある）の典型であり、集団の保全において、生息個体数だけでなく遺伝や精子形態といった複数の指標で評価することの必要性を教えてくれる。

二〇一五年一月、タンザニアでマサイ族によるライオン六頭の殺傷事件があった。家畜が襲われることに対する報復だという。タンザニアだけでなく隣国ケニアにおいても二〇一二年に同様の事件が起きている。さらに、インドのトラと同様、ライオンは家畜だけではなく人間も襲っている。タンザニアでは、一九八八年から二〇〇九年までの間で一〇〇〇人を超える人々がライオンに襲わ

図4-5　ライオンの親子

れ、近年では年間一二〇人を超えているという(Packer et al., 2007)。そのようなケースの大部分が保護区外で起きている。この理由として、人口増加によるライオン生息地への人間の生活圏の拡大や、ブッシュミート需要に伴う狩猟者の増加により襲われる機会が増えたことがあげられる。さらに、人食いライオンの出現には季節性があり、それは農作物収穫期、農作物をイノシシなどの害獣から守るために農民が畑の中につくった小屋での就寝時に急増するという。家畜が大型食肉類によって襲われるという問題はしばしば耳にするが、今日においても、人間自身がライオンのエサ資源の一つとなっていることは非常に深刻である。絶滅危惧動物の保護とは裏腹に「人と大型食肉類との軋轢問題」は世界中で見られ、問題の根深さが伺える。

サファリの最中、車の混み合った場所があった。見に行くと、そこには移動中の二頭のメスライオンとコドモたちがいたのである。枯れ草の中を悠々と歩くメスライオンの姿は自然で、惚れ惚れするほど美しかった（口絵⑪）。それにしても、日本国内にあるサファリパークかと思うほど、車の間を当たり前のように通り過ぎていく。コドモがじゃれあって進まないので、仕舞いにはコドモをくわえて立ち去る（図4－5）。インドのヒョウやトラと人との距離とは異なり、ここではコンパクトカメラで十分写真が撮れた。

【絶滅危惧動物ファイル⑩】カバ

カバ（*Hippopotamus amphibious*：VU）はアフリカ大陸固有種であり、サハラ以南に広域分布している。樽のような体に短くて太い足、大きな顔（口）、それでいて小さな耳。愛嬌がある。遠目に観た水辺の岸にたたずむカバは置物のようだった。乾燥に弱い皮膚を保護する必要があるため、カバの生息環境に水場は欠かせない。また、カバ自身も、保湿効果や抗菌作用がある赤色の液体を体表に分泌することで、皮膚を保護している。俗にカバは血の汗をかくといわれているが、この分泌物の色に起因している。カバは、なわばりオスを中心とした一夫多妻の群れ社会を形成する。私が目撃した集団もみなで水に浸り寄り添っていた（口絵⑫）。カバは植食性であるが、ゾウやほかの有蹄類同様に、植物体から得にくいナトリウムをはじめとするミネラル類をどうやって摂取しているのだろうか。カバはまれに肉食をすることが報告されているが、関連があるのかもしれない。

カバにはもう一種、属が異なる小柄（二トン以上あるカバに比べて一〇分の一程度の二〇〇キログラム前後）の可愛らしいコビトカバ（*Choeropsis liberiensis*：Endangered）がいる。コビトカバは、西アフリカ固有であり、夜行性で森林の水辺を好むという。カバは昼行性でサバンナの水辺を好むため生態や行動が大きく異なり興味深い。IUCNレッドリストでは、カバ以上に絶滅が危惧されている。カバとコビトカバ、彼らは分類学的には鯨偶蹄目(くじらぐうてい)の一員であり、クジラらにもっとも近縁な現生哺乳類でもある。

カバは、その肉と大きな犬歯を狙った密猟が絶えず、さらに農地やそれ以外の大規模開発による生息地の消失が個体数の減少に拍車をかけている。また、地域によっては漁師や川沿いに農地をもつ農民との軋轢も生じている。人と野生動物の軋轢、アフリカの場合は、ライオンやカバなど日本では動物園の人気者たちが問題の争点になっており、人間生活を考慮した絶滅危惧動物の保全・管理の難しさが伺える。

ゴンベ国立公園

小型プロペラ機は、アリューシャ空港からタンザニア西部、タンガニーカ湖畔にあるキゴマ空港へと飛んだ。乾季のため干上がった河川など乾ききった景観が眼下に広がる。プロペラ機による三時間の空の旅、女性パイロットが大きな地図を広げ場所を確認していたのに若干の不安を覚えたが、揺れも少なく快適な飛行であった。その後、タンガニーカ湖でチャーターボートに乗り、湖岸に沿って二時間ほど北上した。ブルーシートの屋根がまぶしいボートは、意外に高い波に揺れながら、ゆっくりと進んでいった。

ゴンベ国立公園（以下、ゴンベ：五二〇〇ヘクタール）は、タンガニーカ湖の畔にある起伏のある森林である。ここには一〇〇頭ほどのチンパンジーが生息しているという。野生動物を研究対象にしている者なら、ジェーン・グドールさんを知らない人はいないだろう。野生チンパンジー研究のパイオニアの一人であり、ゴンベはグドールさんの調査地として有名である。一九六〇年、グドールさんはじめてゴンベを訪れた。その後半世紀の間にさまざまな発見をし、世間を驚かせ続けている。チンパンジーの狩りや道具使用に始まり、最近ではチンパンジーが霊長類特有のエイズに感染すること（ヒトエイズウイルスに変異以前のウイルスの宿主になっていること）を共同研究者と明らかにしている。ちなみに、彼女はホモ・ハビリスの発見者であるルイス・リーキーさんの教え子の一人で、彼の教え子には、ゴリラ研究の第一人者のダイアン・フォッシーさんやオランウータン研究の第一人者のビルーテ・ガルディカスさんらがいる。大型類人猿三種の第一人者が、同一の指導教官のもとで学んでいたことは驚かされる。

【絶滅危惧動物ファイル⑪】チンパンジー

チンパンジー（*Pan troglodytes*：EN）は、ゴリラやオランウータンと並んで人々を魅了し続ける存在である（口絵⑬）。日本は霊長類学の世界のトップを走っている。チンパンジーも例にもれず、一九五八年、京都大学の今西錦司さんと伊谷純一郎さんらによりアフリカ類人猿学術調査が始まり、これまで、数多くの学術論文に加えて一般書も多数出版され、私自身それらに魅了された一人でもある。野生のチンパンジーはどんな森に生息しているのか、研究者たちはどのように彼らを観察してきたのか、知りたいと思った。

ゴンベに着いた翌朝、レンジャーと一緒にベースキャンプから一時間半ほどかけて五〇〇メートルほど山を登った。途中、イノシシやチンパンジーの糞、チンパンジーが吐き戻した液果の搾りかすの塊などを見つける。私の予想以上に痕跡がたくさんあった。休憩中、視界に黒いものが横切ったので目を向けると、チンパンジーが枝からぶら下がってこちらを見ていた。間もなくして、遠くで叫び声がしたと思うと、山の上からチンパンジーの群れが次から次へと駆け下りてくるではないか。実に騒がしく、何事かと思った。中にはわれわれのほうに向かってくる個体もいて、慌てて道をあけた。この発狂したかのような「突撃誇示」と呼ばれるディスプレイは迫力があり、これにより自分の力をアピールしているという。このときは毛を逆立てたアルファオス（集団の中で優位なオス）が、叫び、拳で地面を叩きながら駆け回っていた。ボルネオ島でオランウータンを観察するのとは違って非常に落ち着かない。

それにしても、運がよければ野生のチンパンジーを観られる程度と思っていたので、彼らのほうから近づいてきたのには驚いた。ゴンベでは病気感染やケガなどに備えて、食べ物を吐き出さない、チンパンジーと一〇メートルは距離を置くなどのルールがある。しかし、距離に関しては明らかに近かった。ディスプレイで駆け回るチンパンジーに足をつかまれた参加者もおり、彼のズボンには、握力二〇〇キログラムともいわれるチンパンジーの手形が残っていた。

しばらくして群れが落ち着くと、彼らはわれわれの目の前でさまざまな行動を見せてくれた。数頭の個体が順番にアルファオスに近づき、彼の下あごに手のひらを添える行動は興味深かった（図4-6）。これは食べ物の分配を乞う行動だという。また、水場では二組の親子が葉っぱを器用に

図4－6　挨拶をするチンパンジー

図4－7　葉を使って水を飲む二組の親子

使って水を飲む姿も観察できた（図4-7）。オランウータンにおいてはスマトラ島の一部の集団でのみ確認されている行動で、文化の違いらしい。ボルネオ島のオランウータンではまだ報告されていないようで、デラマコットの塩場にくるオランウータンはすべて直接口を使って水を飲んでいる（第2章参照）。これまで私は高度な社会をもつ動物とは縁がなかったため、まさに驚きの連続であった。トレッキングの最後では、塩場を観ることもできた。そこではチンパンジーが土食いをしており、小川沿いの土がむき出しになった箇所には、ところどころに穴が掘られていた。

ゴンベは、歩けばチンパンジーに会うことができた。レンジャーたちは観光客の案内と並行して、遭遇個体の識別、行動記録を行っており、彼らによって貴重な観察データの蓄積が可能になっている。このような調査環境を築き、それを継続していることは大変なことである。今後もこの地から、驚きの研究成果が世界に向けて発信され続けるのであろう。短い滞在だったが、チンパンジーがなぜ多くの研究者をとりこにするのか窺い知ることができた。

三　最大の熱帯雨林アマゾン、ブラジルへ

「アマゾン」、誰もが一度は聞いたことがあるだろう。私が中高生の頃に愛読していた自然史雑誌『アニマ』（平凡社から刊行され現在は休刊中）で「冒険と生物学」という特集号（一九八六年八月号）があった。アマゾンの熱帯雨林のとんでもなく高い木の樹冠部にロープ一本でアクセスする研究者の記事はとくに印象深かった。こんな環境で研究ができたら、どんなに面白いだろうか。現実

離れした未知の世界に、当時中学生の私はすっかり魅了された。それから紆余曲折を経た一〇年後、私は東南アジア・ボルネオ島の熱帯雨林で動物の研究に携わるようになった。それから一五年以上を経ても、「アマゾン」という言葉への憧れは変わらなかった。そしてプロジェクトの下見に参加しないかと、京都大学野生動物研究センターの幸島さんから連絡があった。当時私は三年間のボルネオ生活を終えて帰国したばかりで、新しい職場で働くまでは一カ月以上もあり時間を持て余していた。そのため、二つ返事で受けた。

二〇一三年三月、成田から一一時間かけてアメリカのダラスへ、そしてダラスからさらに一一時間かけてブラジルのサンパウロへ南下、その後、サンパウロから三時間かけてふたたび北上しアマゾン川中流域アマゾナス州の州都マナウスへと向かった。これまでマレーシアやフィリピンまでの近距離しか移動したことのなかった私にとって、二五時間の空の旅は恐ろしく長く感じた。マナウスへの到着が深夜だったため、周囲の様子がわからなかったが、翌日街へ出ると、そこは想像以上に大都会だった。巨大ショッピングモールの中を、ジェットコースターが走っているのには驚いた。また、街中には、防弾チョッキを着た屈強な男たちがカメラ付きの四駆車で走り回っていた。マナウスに入る数日前、地元の刑務所から複数の脱獄者が出たというニュースがあり、そのためかと思ったが、普段から治安維持を目的として活動しているらしい。

アマゾン川は淡水魚の宝庫としても知られているが、大都市のマナウスには水族館がない。そのため、世界最大の淡水魚として有名なピラルクーなどを見たい人は市場へ行くという。市場に向かうと、多くの色とりどりの船が停泊していた。船は重要な交通手段の一つなのである。市場周辺は

図4－8　アマゾンの魚市場
ピラルクーが売られていた。

大きな魚が水揚げされ雑然としていたが、市場の内部は思ったよりも綺麗だった。そして、そこでは確かにピラルクーが売られていた（図4－8）。切り落とされた頭を掲げ、肉がのり巻きのように巻かれ束ねられている。世界中の水族館で飼育されているピラルクーであるが、生息地での生態情報は意外に少ない。IUCNレッドリストでもデータ不足のため、カテゴリー分類ができない状況が続いている。

フィールドミュージアム構想によるアマゾンの生物多様性保全

二〇一三年、南米アマゾンにおいて、京都大学野生動物研究センターと国立アマゾン研究所が中心となって、大型絶滅危惧動物を軸とする生物多様性保全に関するプロジェクトが始まろうとしていた。現地コーディネーターは、カワイルカやマナティといった水生哺乳類研究の第一人者であるベラ・シルバさんである。

アマゾン中流域で最大都市であるマナウス周辺は開発が著しい一方、周辺地域には、今なおアマゾンカワイルカやアマゾンマナティ、ジャガーなどの大型絶滅危惧動物が生息している。しかし、アマゾン川の水は、タンニンが多く溶け込んだブラックウォーター、あるいは土壌栄養塩が多く溶け込んだホワイトウォーターと呼ばれ、透明度が著しく低いために水中の様子がわからない。また、熱帯雨林に目を向けると、おもに気象観測に使われるタワーが一カ所あるだけで、東南アジアにあるようなキャノピー・ウォークウェイといった、林冠部分を観察するための施設はない。生物多様性の宝庫であるアマゾンだが、研究や教育、観光に活用できる野生動物を観察するための施設がほとんどないのだ。また、野生動物の保全には、生息地を確保するだけでなく、半野生あるいは飼育個体（飼育繁殖個体）の観察施設が必要である。そのためプロジェクトでは、観察施設をつくることを目的の一つとしており、それら観察施設のネットワークを「フィールドミュージアム」と呼んでいる。

インドやアフリカのサバンナと異なり、熱帯雨林のアマゾンで動物に遭遇することはボルネオ島同様に容易ではない。ここでは陸生哺乳類から離れ、アマゾン川に生息する哺乳類を取り上げる。その代表的なものとしては、マナティ（*Trichechus inunguis*：VU）、カワイルカ（*Inia geoffrensis*：DD）、コビトイルカ（*Sotalia fluviatilis*：DD）、オオカワウソ（*Lontra longicaudis*：DD）、そしてオナガカワウソ（*Lontra longicaudis*：DD）があげられる。しかし、IUCNレッドリストでは、唯一マナティが絶滅危惧種として扱われ、ほかはすべて「データ不足（Data Deficient）」となっており、非常に情報が乏しい。ここでは、国立アマゾン研究所でとくに保全活動に力を入れているカワイルカとマナティについて紹介したい。

【絶滅危惧動物ファイル⑫】アマゾンカワイルカ

アマゾンカワイルカは、体長二メートルほどで吻は長く背びれは短い。透明度の低い生息環境のため目は退化している（図4－9）。体色は普段は灰色だが、血行がよくなるとピンク色になるため、ピンクカワイルカの異名をもつ。食性はほかのイルカ類同様に肉食性である。最新の知見では、アマゾンカワイルカ属（*Inia* 属）は三種に分類され、一つは、ブラジル・ペルー・エクアドルにまたがる河口部から西に延びるアマゾン川本流周辺に分布する集団ならびにコロンビア・ベネズエラにまたがるアマゾン川水系北部のオリノコ川に分布する集団（これら二つの集団は別亜種として扱われている：*Inia g. geoffrensis* ならびに *Inia g. humboldtiana*）、次いでアマゾン川水系南西部、ボリビアに分布する集団（*Inia g. boliviensis*）、そして新たに新種として同定された河口部から南に延びる水系に分布する集団（*Inia g. araguaiaensis*）である（Hrbek et al., 2014）。

アマゾンカワイルカは、いわゆるイルカとは違う若干異様な雰囲気をかもし出している。ベラさんとカワイルカを観にいったときのこと。水中に手を入れると指先が見えなくなるほど透明度の低いブラックウォーターに全身浸かっていると、エサの魚に引き寄せられたカワイルカが、体に軽く当たってくる。ピンク色の体がチラッと見える程度で不気味だが、これまで生息地で野生動物に直

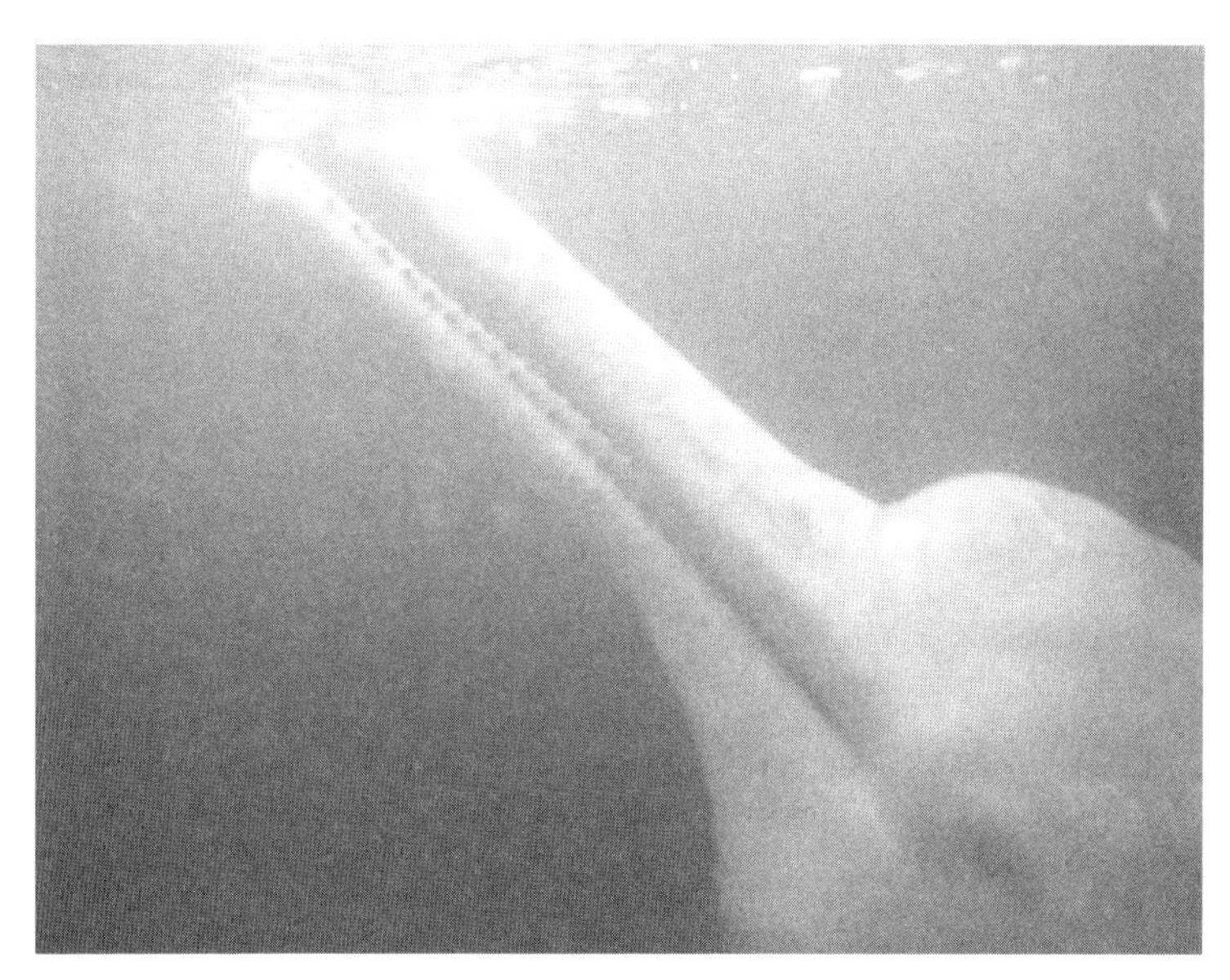

図4－9　アマゾンカワイルカ
写真：矢部恒晶（森林総合研究所）

接触れることなどなかったため、非常に新鮮であった（口絵⑭）。

カワイルカ自体は食用として好まれないようだ。しかし、漁師の網をカワイルカが壊すために駆除されたり、コロンビアで需要の高いナマズを捕るための「エサ」として乱獲されたりしている。IUCNレッドリストでは、二〇〇八年以降、絶滅危惧種から「データ不足」として扱われている。ベラさんらによれば、個体数は減少しているという。取り締まりには限界があるため、政府と協力してナマズ捕りのエサをカワイルカ肉以外のものに転換するよう進めており、二〇一五年から五年間のモラトリアムを経て実現させようとしている。

【絶滅危惧動物ファイル⑬】アマゾンマナティ

アマゾンマナティは体長三メートルほど、体色は灰色、アマゾンカワイルカ同様に目は退化している（口絵⑮）。食性は植食性である。外貌はジュゴンに似ており同じ海牛目であるが、それぞれマナティ科とジュゴン科と独立している。両種を見分けるポイントの一つは尾鰭の形で、マナティは「しゃもじ型」、ジュゴンは「三日月型」である。また分布域は重ならず、マナティは大西洋・カリブ海の海岸線に分布するアメリカマナティやアフリカマナティに加え、アマゾンマナティのように淡水域にも分布しているのに対して、ジュゴンは太平洋やインド洋にかけての海岸線にのみ分布する。ＩＵＣＮレッドリストでは、マナティ三種すべてが絶滅危惧種（Vulnerable）に指定されている。

マナティは五〇～六〇年は生き、コドモは母親と三年以上一緒に過ごす。マナティは大人しく動きが鈍いために捕まえやすく、肉や脂肪を狙った密猟が後を絶たない。とくにコドモを連れた母親が美味しいといわれ、母親だけが捕獲されるという。そのため、国立アマゾン研究所のベラさんのもとには、密猟された親とはぐれたコドモが孤児として保護され、その数は年間一〇～一五頭にのぼる（図４-10）。

保護個体の再導入は今後の課題の一つである。現在は「ソフトリリーシング」という半野生の環境下で二年ほど飼育し、自活できることを確認してから、本来の自然環境に戻すというやり方を採用しているという（菊池、二〇一四）。フィールドミュージアムプロジェクトはマナティの再導入にも関わっている。京都大学野生動物研究センター特別研究員の菊池夢美さんは、マナティの体に行動記録装置を装着し、リリースされたマナティがエサ植物を食べる際に発する音を記録・分析することで、自然環境下での適応の状態を把握しようと試みている。保護個体の段階を踏んだ再導入（ソフトリリーシング）や再導入後のモニタリングは、絶滅危惧動物の保全を成功に導くうえで重要なポイントである。

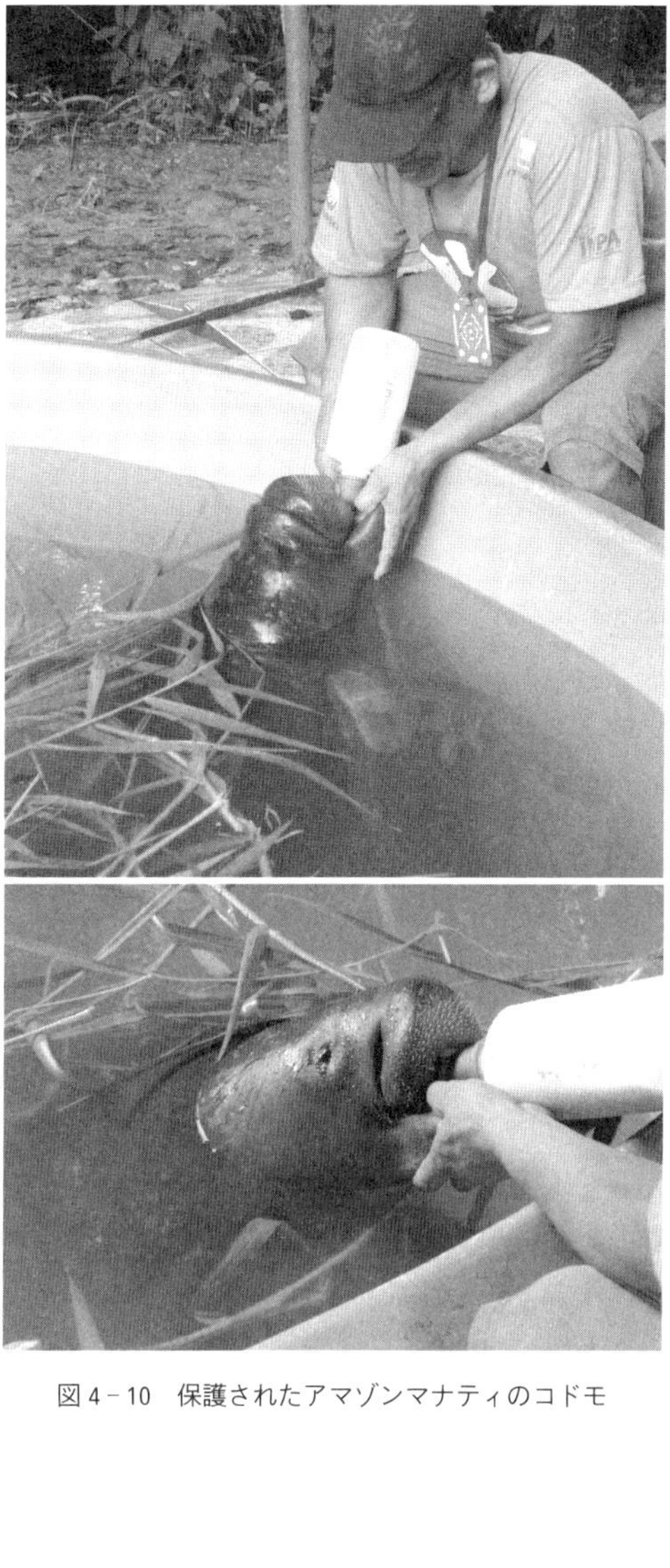

図4－10　保護されたアマゾンマナティのコドモ

コラム7　アグーチとブラジルナッツ

アマゾンでぜひ見たい動物がいた。大型のネズミの仲間「アグーチ」である。私は学生の頃にマメジカというネコサイズの原始的な反芻動物の生態を調べていた。マメジカに関する文献が少ない中、アグーチは体サイズや体型がマメジカと類似しており、それが収斂進化の例として取り上げられるので気になっていた。

アグーチとの遭遇は森の中ではなく国立アマゾン研究所のある緑地帯だった（口絵⑯）。売店に向かって歩いていると、道端でリスザルが落としたヤシの実を食べていたのである。

リスザルは実の外側、アグーチは実

図①　貯食行動をするアグーチ（上）とブラジルナッツ（下）

の内側を食べているようだ。忙しくクルミ大のヤシの実をかじっていたかと思うと、突然地面に穴を掘り出し、貯食行動を始めた（図①上）。

アグーチの特徴の一つに丈夫な門歯をもっていることがあげられる。アマゾンには非常に硬い果実をつける植物が多い、ブラジルナッツはその代表であろう。ブラジルナッツは、アマゾン原産の絶滅危惧種、直径一五センチメートルほどの丸くて固い殻の中に三角錐状の硬い種子が十数個詰まっている（図①下）。種子の味はバターのように濃厚である。アグーチは、そのような固い防御を破れる数少ない動物であり、ブラジルナッツの重要な種子散布者と考えられている。これは東南アジアのヤマアラシと絶滅危惧種のテツボク（鉄木）の関係に似ている。

アマゾンの熱帯雨林生態系

ここまでは、乱獲や開発により絶滅の危機に瀕している野生動物について紹介してきた。開発は、人と野生動物との軋轢にとどまらず、人と人との軋轢も生み出している。アマゾン川流域は、地球上で最大の熱帯雨林が広がる地域である。そこは野生動物の生息地だけでなく、たくさんの先住民インディオの居住地でもある。今日でも彼らは精霊を信仰し、森の民としての長い伝統を受け継ぎながら生活している。人と動物を同列に語ることはできないが、まさに先住民も開発によって絶滅の危機に瀕しているといっても過言ではない。

ブラジルは、軍事政権に代わって民主政権が誕生した一九八五年以来、森林の保護政策に取り組み、その中には先住民保護区も含まれている。しかし、ブラジルの人口の一％に満たない先住民が国土の一〇%以上の土地を占有していることへの反感から、何より、そこには莫大な「資源」が眠っていることから、近年では保護区の撤廃論議が盛んだという。この先住民問題に対して、十地開発局、森林保護局、そして国立インディオ基金という三つの政府組織が相容れない任務をもって活動している。ジレンマを抱える政府を尻目に、いずれはアマゾン川流域やその奥地さえも、開発の波にのみ込まれるだろうとする悲観的な見方が多い。

※　※　※　※　※

本章では、東南アジア以外の熱帯地域、インド、タンザニア、そしてブラジルの絶滅危惧動物について、とくに人間との軋轢を中心に紹介した。どの地域においても、被害者らは報復として加害動物を殺傷するケースが後を絶たない。絶滅危惧動物の保全を考えるうえで、被害住民への社会保障という無視できない問題がある。野生動物の生息地保全に目を向ける際、そこには開発に翻弄される野生動物同様、人間どうしの問題をも垣間見るだろう。現実を直視し、問題の背景を含めた現状を記載し、外に発信していくことも、現場を知りうるわれわれに課せられた義務の一つである。

●サバ大学で働く(4)● フィールド三昧の日々

ITBCは、大学の独立した研究所の一つであるが、理工学部の学生を受け入れていた。教員一人あたり卒業研究の学生は最大二人までと少人数で、学生と密に関わることができた。

初年度は指導教員が決定したあとの着任だったため学生はおらず、二年目、三年目に二人ずつ学生がやってきた。二年目はモスリムとカダザンの女子学生、三年目は中華系マレーシア人とカダザンの男子学生だった。とくに三年目の二〇一二年は、毎月二回ほど学生二人を連れ、あちこちのフィールドへ出かけた。日本の大学でもそうだったが、サバ大学でもフィールド系よりもラボ系を好む学生が多い。そんななか、私のところにきてくれた学生は、森歩きだけでなく現場スタッフや村人との交流も積極的に楽しんでいて、顔を合わすたびに、

「ドクトル・ヒシャシ、次はいつフィールドにいきますか?」

と嬉しそうに聞いてきた。

すでに第3章で紹介したが、急な大雨で増水した川を胸まで浸かりながら渡ったり、道に迷って真夜中の森を彷徨(さまよ)ったり、心身ともにヘトヘトになったことも何度かあった。改めて、事故が起きなくて本当によかったと思う。ポスドクまでの私は、一人でのフィールドワークが多かった。しかし、サバ大学ではチームでの活動となり、連帯感が生まれるフィールドワークの魅力を十分に楽しむことができた。

二〇一〇年、赴任して間もなく、「動物の足跡を調べています」という方からメールをもらった。それは足跡化石を追う岡村喜明さんからだった。国内で見つかるサイの足跡化石を調べており、それを現生種スマトラサイと比較したいという。当時、タビン野生生物保護区には、

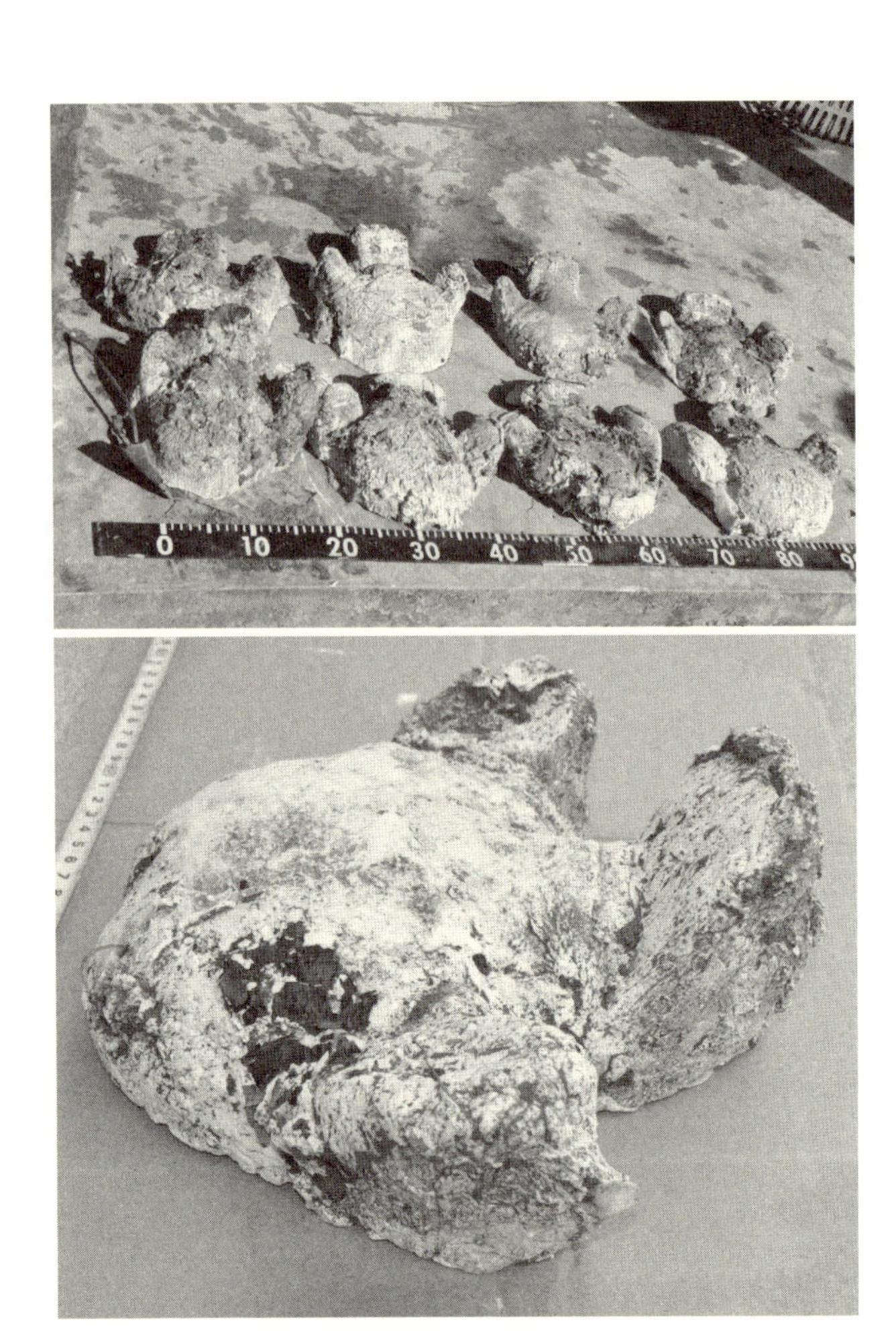

上：スマトラサイの足跡の石膏型。下：指でしっかり地面を押さえているのがわかる。

二頭のスマトラサイが飼育されていた。そこで、スマトラサイ保護プロジェクトの責任者で当時の上司、ハミドさんに相談したところ、石膏型をサバ大学の分も取ってくれれば問題ないということだった。タビンを管轄する野生生物局からも同様の返事をもらうことができた。

実現したのは、翌年の八月。学生を連れてタビンへと向かった。宿舎でお会いした岡村さんは、とても古希を過ぎた方には見えず驚いた。足跡の石膏型は、二〇〇八年に森からプランテーションへ出てきたところを捕獲されたオスのスマトラサイから取ることになった。朝、サイを運動場に放すので、その前に運動場に残されている足跡を対象に作業をしてほしいという。現場は湿った粘土質だったため、綺麗な足跡をたくさん見つけることができた。その中からとくに形のよい足跡を選び、石膏を流し込み、その上に補強用のガーゼを被せていく。作業は手際よく進められ、石膏がだいたい固まったところで土から掘り起こされた。そうして合計八個の石膏型を得ることができた（写真）。石膏型を見ると、想像以上に足裏は盛り上がり柔軟であること、三つの指で地面を掻くようにしっかりと歩いていることが見て取れた。「かわいい足型だな」。学生と一緒に興奮しながら作業を手伝った。

貴重なスマトラサイの足跡の石膏型は記念に私もいただき、今でも講義の中で学生に紹介している。絶滅動物と現生する動物の比較は、骨の形態やＤＮＡ配列で行う以外にも、「足跡」という材料があることを改めて知ることができた。

第５章

絶滅危惧動物のゆくえ
―生息域外保全を考える―

セピロクに保護されてきたオランウータンのコドモ

ここまでは絶滅危惧動物について、おもに生息地における現状・保全の取り組みを紹介してきた。絶滅危惧動物の個体数を生息地で（自然環境下で）増やしていくことが理想ではあるが、現実には少ない個体数に加え、それぞれが孤立した森に生息しているために繁殖の機会が望めない場合もある。最終章である本章では、生息地の外での保全の取り組み「生息域外保全」を取り上げる。

環境省の定義を引用すると「生息域外保全とは、絶滅危惧種を守るために、安全な施設に対象種を保護し、そこで飼育繁殖することで絶滅を回避する方法」をさす。ここでは、生息域外保全で核となる飼育繁殖と再導入（野生復帰）に関する基本的な考え方、ボルネオ島における生息域外保全の拠点施設を紹介する。そして最後に成功事例を取り上げることで、絶滅危惧動物のゆくえを左右する鍵について述べる。

一　生息域外保全——飼育繁殖と再導入

飼育繁殖の理想

野生集団が減少していく中、いったいいつ頃から飼育繁殖（captive breeding）を開始すればよいのだろうか。ＩＵＣＮは、野生個体が一〇〇〇頭を下回る前に飼育個体集団を創設すべきであると推奨している（IUCN, 1987）。この数値の根拠としては、近親交配が進んでいない創始個体が得られること、野生集団から個体を飼育用に取り除く際の悪影響が小さいこと、適した飼育技術を開発する猶予が与えられることなどがあげられる。しかし、動物種によって温度差があり、オランウータンのように人気のある種は一万頭以上の段階から開始される一方、ボルネオバンテンのようなマイナー種は、すでに一〇〇〇頭を下回っていても開始されないという現実がある。

また、飼育集団の個体数については、少なくとも二〇〜三〇個体から開始すべきであるといわれているが、スマトラサイの飼育繁殖についてみると、二〇一五年三月時点で、一一頭がアメリカ、マレーシア、そしてインドネシアで分散飼育されているにすぎない（第1章参照）。

もし飼育個体が順調に増えたとして、いったい何頭まで飼育繁殖で増やせばよいのだろうか。増えれば増えるほどよいと思うかもしれないが、大事なのは、遺伝的多様性をある程度維持して個体数を増加させることである。教科書的には、一〇〇年間で遺伝的多様性の九〇％を保持できるサイズとあるが、言い換えると、創始個体数が十分であるケースは少ないため、ヘテロ接合度の一〇％程度の減少なら致し方ないというものである。

再導入の理想

再導入（reintroduction：野生復帰）とは、過去に生息していた絶滅種を再移入し定着させることをいう。再導入を行う際は、その場所を慎重に選ぶことはもちろん、飼育環境から自然環境へ導入する個体や個体数については、できるだけ繁殖能力が高く、かつ遺伝的多様性の高い健康な個体を選抜する必要がある。その際考慮すべきは、飼育集団のヘテロ接合度を極力下げないことである。とくに再導入の初期段階では、個体が新しい環境に適応するまでには高いリスクが伴う。そのため、まずは飼育集団に影響を与える可能性の低い個体（準優良個体）を選抜・導入し、ある程度の将来予測がつくようになった時点で、優良個体を導入する方針がとられている。

これまでゴールデンライオンタマリンやハイイロオオカミ、アラビアオリックスなどのさまざまな動物種で再導入が試みられてきた。もちろんすべてが成功するわけではなく、再導入個体が人間のサポートなしに少なくとも五〇〇個体に達した場合を成功と見なすと、全計画の一一％がそれに相当したという（Beck et al., 1994）。そして、再導入プロジェクトで大事なことは、長期間にわたって多くの個体を導入したり、研究者だけでなく地域の人々を雇用しながら実施したり、教育プログラムとして活用したりすることであり、そのような配慮が成功につながるという。

一方で、再導入により新たな問題が生じている地域もある。一九九五年と一九九六年にカナダからアメリカのイエローストーン国立公園にハイイロオオカミが導入され、その後個体数は順調に増加、オオカミの再導入が可能であることが実証された。しかし、オオカミの増加に伴って、オオカミが家畜を襲うケースも増加したのである。これはオオカミに限ったことではなく、再導入された動物は周辺環境にさまざまな影響を与え、新たな問題が生じる可能性がある。したがって、再導入の実施にあたっては、十分な議論、細心の注意が必要である。

ここでは、生息域外保全が比較的進んでいるガウルについて紹介したい。ガウルで特筆すべきは、動物園において異種間体細胞クローンが誕生したり、再導入プロジェクトが活発に行われたりしていることである。

【絶滅危惧動物ファイル⑭】ガウル

ガウル（*Bos gaurus*：VU）は世界最大の野生ウシである（口絵⑰）。雌雄ともに体は黒く、四肢は白い。オスの体サイズはメスに比べて大きく、体重一〇〇〇キログラム、体高二メートル近くにもなる。とくにオスの肩の筋肉は隆起し、まるでボディビルダーのような外貌をしている。インドやネパールに分布するインドガウル（*Bos gaurus gaurus*）とインドシナ半島周辺に分布するラオスガウル（*Bos gaurus laosiensis*）の二亜種に分類されている。ガウルは、その肉や角を目的として乱獲され個体数が激減、絶滅危惧種となった。

ガウルの異種間体細胞クローンは、二〇〇〇年、アメリカの民間企業アドバンスド・セル・テクノロジー社により作成され注目を浴びた。死亡したガウルの皮膚細胞の核を、家畜ウシから採取した核や極体（卵形成において、第一および第二減数分裂時に生じる娘細胞のうち、細胞質分配が極端に少ない小型細胞）を除いた卵子に移植（核移植）して、そこでできた核移植再構築胚を借腹となる家畜ウシに産ませたのである。しかし生後二日にして、その個体は感染症により死亡している。体細胞クローンは、流産あるいは生後まもなく死亡するケースが少なからずあるようで、その原因の詳細は不明である。また、体細胞クローンはどんな動物種にも適応できるわけではない。飼育個体数が著しく少ない種の場合、借腹となりうる繁殖齢のメスがいなかったり、いたとしてもリスクが高いため利用できなかったりするだろう。そのため今回のガウルのように、借腹になりうる個体として家畜化された近縁種がいる場合が多い。

そして、二〇一一年一月、インド中央部マディヤ・プラデーシュ州のバンダウガル・トラ保護区（BTR）において、ガウルの再導入プロジェクトが始まった。この保護区では一九九五年頃までにガウルが消えてしまったという。地域的な絶滅である。そのため、同州BTR南西部に位置するカンハ・トラ保護区において、一九頭のガウル（オス五頭とメス一四頭）が捕獲され、BTRに再導入されたのであった。その際、オス二頭にはGPS発信機、オス一頭とメス九頭にはVHF発信機が装着され、計一二頭の行動が追跡調査された。その再導入プロジェクトでは二〇一二年一月までの追跡結果、とくに再導入先でのホームレンジや群れサイズ、環境選好性、採食物についてまとめている（Sankar et al., 2013）。またリリースからの一年間で、出産は四回確認され、そのうち三頭のコドモは生存している。成獣の死亡は四個体確認され、そのうちメス二頭は発信機装着個体で自然死、亜成獣メス一頭はトラによる捕食、さらに発信機未装着メス一頭が行方不明になったという。採食物については、草本や蔓、樹皮など六八種にのぼり、その季節性にも言及している。

再導入前のもともとの生息地での生態情報がないので、再導入の影響はわからないが、再導入に伴う追跡調査により、基礎生態情報をはじめとするガウルの保全管理において、有意義な情報が多数得られていることは明らかである。インドでは、今回の保護区以外においてもガウルの地域的な絶滅が確認されており、今回のケースをモデルとして今後も再導入を進めていくという。

この論文を読んだ当時は、現地の状況を知らなかったため、一九頭ものガウルをどのようにして捕獲したのか不思議に思った。しかし、第4章で紹介したようにバンディプルでガウルの群れが悠々と草を食む姿を目の当たりにし、その謎が解けた。密林でひっそりと生息するボルネオバンテンとは大きく異なっており、この捕獲のしやすさがガウルで再導入プロジェクトが活発に行われている要因でもあるだろう。

コラム8　動物園の役割と動物園問題

今日、動物園には四つの役割があるといわれている。レクリエーション、教育、研究、そして種の保存である。レクリエーション、教育はいうまでもないが、近年は研究も重要視されており、複数の動物園において、大学との共同研究をはじめとしたさまざまな研究活動が行われるようになってきている。動物園で研究することのメリットとしては、形態や行動、生理の詳細な分析が可能であること、多種間での比較が容易であること、さらに、実験的操作が可能であることがあげられる。動物園における研究については、二〇一三年に本書と同じＤＯＪＩＮ選書シリーズから出版された田中正之著『生まれ変わる動物園』のご一読をお勧めする。

動物園問題とは、日本国内で飼育されているゾウやゴリラなどの絶滅危惧動物の高齢化、ワシントン条約による輸入制限、動物の価格高騰などによって個体数が著しく減少してしまうことをさす。国内の動物園間で繁殖させればよいと思われるかもしれないが、行政は動物園動物を重要備品として扱うため手続き上管轄外に出すことが難しく、さらに看板となる種が外部の動物園へ移ることへの抵抗があるため、繁殖計画は思うように進まないという。飼育動物は重要な観光資源であり、看板動物の不在に伴う影響は経済的にも大きいだろうが、国内での繁殖を成功させれば、大枚をはたいて新たに動物を購入する必要もなく、種の保存という意味から見ても意義は大きい。動物園の枠を越えた取り組みが必要である。

二　ボルネオ島の生息域外保全施設

セピロク・オランウータン・リハビリテーションセンター――サバ州の生息域外保全の拠点

サバ州には、野生生物局が管轄するオランウータンの域外保全施設「セピロク・オランウータン・リハビリテーションセンター（以下、オランウータンセンター）」がある（図5－1）。もともとは、生息地を追われたオランウータンの保護を目的として、一九六四年、バーバラ・ハリソン女史により設立された。

一九九八年一月から二〇〇五年一二月までの八年間における保護個体一六〇頭の内訳を調べたところ、母親に随伴しているはずのコドモが一三六頭と全体の八五％を占めており、一五歳以上の成熟オスは七頭、一〇歳以上の成熟メスは一〇頭にすぎなかった（安田ほか、二〇〇八）。オランウータンが樹上にいる状態で木を伐採しているケースもあり、多くの成熟個体は現場で死んでいるのだろう。保護されたコドモは、バナナと粉ミルクで育ち、徐々にオランウータンセンターから離れた森の中へと段階を踏みながら森での生活を学習していく。しかし、なかには森に帰らない個体もいる。

二〇一五年三月時点では、四八頭のオランウータンが保護されていた。私が学生だった頃に比べて保護個体数はだいぶ減り、現在は、いかにして生息地に戻すかということが大きな課題の一つになっている。意外にもこれまでは、きちんと追跡調査が行われていなかったのである。イギリスのＮＧＯであるＵＫアピールが協力して、数年前からタビン野生生物保護区への再導入を開始した。最初は失敗したものの、現在は軌道に乗りつつあるようだ。

オランウータンのコドモは五歳頃まで母親に随伴し、五歳を過ぎても母親の近くで生活することが多く、その間に独り立ちするための技術を習得する。以前の再導入個体は六～八歳だったが、その年齢では生活するための技術習得が十分ではなかったようで、その後八～一〇歳にしたところ、問題を解決することができたという。現在、タビン野生生物保護区において、トランスポンダー（マイクロチップ型の電子個体識別装置）を皮下に埋め込まれた再導入個体四頭の行

図5-1　セピロク・オランウータン・リハビリテーションセンターの入口（上）と給餌見学場所（下）

図5－2　セピロクに保護されてきたアミメニシキヘビ

動追跡が行われている。

　オランウータンセンターでは、一日二回、一〇時と一五時に森の中に設置されたプラットホームでの給餌を見学することができる。オランウータンセンターはサバ州内でも屈指の観光地となっており、州政府（野生生物局）の重要な財源でもある。人々に人気のある動物は、観光資源としての価値もあるため、保全と観光とをリンクさせるのは意義のあることである。また、料金設定が外国人とマレーシア人では異なるため、マレーシア人観光客も多数訪れており、さらに環境教育施設も併設しているため、教育的効果も期待できる。

　余談になるが、学生の頃、私はセピロクの森で調査をし、オランウータンセンター内にある獣医の家の一部屋を間借りしていた。その頃オランウータンセンターは野生動物救護センターにもなっていた。そのため、オランウータン以外の野生動物、ウンピョウやベンガルヤマネコ、マレーグマ、レッドリーフモンキー（口絵⑱）やスローロリスなどの哺乳類はもちろん、フクロウなどの猛禽類、ニシキヘビ（図5－2）やリクガメといった爬虫類まで、実にさまざまな野生動物が運びこまれていた。学生時代をセピロクで過ごし現場の問題を直視したことは、私にとって貴重な経験で、保全を意識するきっかけにもなった。

【絶滅危惧動物ファイル⑮】マレーグマ

マレーグマ（*Helarctos malayanus*：VU）は、体重は五〇キログラム前後で世界最小のクマとして知られているが、ボルネオ島においては最大の食肉類である（口絵⑲）。その小柄な体サイズに加えて前肢が比較的長いため木登りが上手である。さらに非常に長い舌をもち、それは食物を採る際に活躍する。マレーグマは、ツキノワグマなどと同様にハチミツが好物で、そのため捕獲の際はハチミツが使われる。森の中で時折、樹皮がバリバリとはがされ幹に穴のある木を見かけることがある（図5－3）。これはマレーグマが木の内部につくられたハリナシバ

図5－3　マレーグマによって破壊された樹皮

図5－4　マレーグマの糞

チの巣を襲った痕跡である。爪跡から、長い前肢で幹を抱え込み後肢で蹴りながら木に登り、爪と歯を使って樹皮をはがし中の蜜を巣ごと食べている様子がわかる。体サイズの割に、その破壊力は凄まじい。マレーグマによって入り口が拡大された樹洞は、その後ムササビなどの樹上性哺乳類やサイチョウなどの樹洞に営巣する鳥類の巣として利用される。

マレーグマは果実も好物である。サバ州東部のダヌムバレー自然保護区（マルアとウル・カルンパンの間）での発信機を装着した行動追跡調査から、その行動は食物資源の影響を受けており、行動圏の中でよく利用される場所の一つにイチジクの結実木があったことが報告されている（Wong et al., 2004）。以前、デラマコットで大量のリュウガン（*Dimocarpus longan*：ムクロジ科）の種子を含むマレーグマの糞を見つけたことがある。一つの糞塊に一センチメートル強の種子が九〇個も含まれていた（図5－4）。リュウガンの種子は仮種皮部分だけが消化された状態で排泄されていることから、マレーグマは本種の種子散布者としての重要な役割を担っているといえる。また、昆虫類や小動物なども採食し食性は幅広い。

ボルネオマレーグマ保全センター——新たな生息域外保全の拠点

行動も生態も興味深いマレーグマであるが、近年、生息地の減少や密猟により個体数を減少させている。ワシントン条約（CITES）においては、商業目的での国際取引が全面禁止される附属書Ⅰに掲載されている。それにもかかわらず、漢方薬として高額取引される「クマの胆（胆嚢）」を狙った密猟は絶えない。また、マレーグマの幼獣はぬいぐるみのようでとても可愛らしく、ペットとして不法に飼育されることもある。サバ州でも不法飼育が発覚して保護されることが少なからずある。従来、マレーグマの飼育個体は野生復帰が難しいといわれていたこともあり、保護個体数は年々増加、一部は生息地に返されたもののモニタリングをしなかったため定着が未確認という改善すべき課題が山積している状態であった。

二〇一三年、不法飼育されているマレーグマの保護や生息地への再導入、教育啓蒙活動などを目的として、ボルネオマレーグマ保全センター（Bornean Sun Bear Conservation Centre、BSBC［http://www.bsbcc.org.my/］：以下、マレーグマセンター）がオランウータンセンターに隣接して開設された（図5－5）。NGOであり、センター長は、マレーグマの専門家の中華系マレーシア人、シュー・テ・ウォンさんである。マレーグマセンターには、二〇一五年三月時点で三七頭が保護されていた。保護個体の再導入とモニタリングは始まったばかりで、GPS首輪を装着した若いメス個体をタビン野生生物保護区の原生林エリアにリリース、その行動を追跡中である。さらに教育や研究にも利用できるセピロクの森の一部を活用した生態観察用のプラットホームもあり、今後の活躍が期待されている。また、世界中からボランティアが訪れており、マレーグマへの給餌などの活動に携わることもできる。ただし、期間は二週間以上からということだ。

実はウォンさんとの付き合いは学生時代に遡る。彼は先に述べたダヌムバレーでのマレーグマの生態調査を行った人物で、当時から非常にアクティブかつフィールドワークが好きで、ほかの現地の学生とは一線を画していた。これからのボルネオ島の野生動物保全は彼のような地元のリーダーが必要であり、彼ならその期待に十分応えていくだろう。

図5－5　ボルネオマレーグマ保全センター
センター入口（上）と見学者に説明するセンター長のウォンさん（下）。

コラム9　感染症問題

一九九八年、半島マレーシアで、ある病気が流行し多数の死者を出した。不思議なことに、死者は養豚関係者が多かった。そして人だけではなく、多くのブタも死んだのである。新聞で「Japanese encephalitis」という聞きなれない単語を目にし、それが「日本脳炎」であることを知った。当初、人間は日本脳炎、ブタはコレラが原因で死亡したと考えられていた。感染者は七カ月間で二六五人を数え、そのうちの一〇五人が死亡した（死亡率四割）。また、ブタは一一〇万頭が殺処分された。しばらくして、真犯人が明らかとなる。

　多くの犠牲者を出した感染症は「ニパウイルス」によるもので、このウイルスの自然宿主としてあがったのがオオコウモリであった。オオコウモリは夜行性の果実食者である。昼間は大きな群れをつくって休憩する（集団ねぐら）。しかし、森林開発によって、オオコウモリは森の中の集団ねぐらを奪われたため、養豚場近くにある果樹園を利用するようになる。それによって、オオコウモリが保持していたウイルスが、身近な人間やブタへと感染し拡散したと考えられ、実際にオオコウモリの排泄物や食べ残した果実からニパウイルスが検出されている。ニパウイルスによる経済損失は数百億円とも見積もられ大損害をもたらした。この一件以来、マレーシア政府は、認可された地域においてのみ養豚業を行うようコントロールしている。

　ヒトおよびヒト以外の脊椎動物を宿主とする病原微生物が、どちらにも病気を発症させる感染症のことをズーノーシス（zoonoses：人獣共通感染症）という。ズーノーシスで比較的知られているものとしては、ＳＡＲＳ（重症急性呼吸器症候群）やエボラ出血熱などがあげられる。ＳＡＲＳは二〇〇三年に中国南東部で患者が見つかり、当初は感染源としてハクビシンが疑われたが、その後キクガシラコウモリが自然宿主であると報告された。当時ＳＡＲＳを恐れてか、日本からマレーシアへ行く際、乗客が少なく、みなマスクをしていたのが印象に残っている。また、二〇一四年に西アフリカでエボラ出血熱が爆発的に流行したが、これまでアフリカでは流行と終息を何度も繰り返している。エボラ出血熱の感染源は霊長類が疑われたが、現在はオオコウモリが自然宿主であると考えられている。

ズーノーシスの自然宿主としてコウモリ類が多いことの理由としては、コウモリは哺乳類の種数の二割を占めるほど繁栄しており、飛翔能力をもつために利用空間が広く、接触する機会が多い。さらに、巨大な集団ねぐらをつくるため集団内にウイルスが広まりやすく、小型哺乳類としては寿命が長いためウイルスの保持期間が長いことなどがあげられる。

第2章で紹介したが、デラマコットでヘリコプターに乗りオランウータンのネストセンサスを行っていたとき、ジャワオオコウモリ（*Pteropus vampyrus*：N

乱舞するオオコウモリ

写真：Peter Lagan（Sabah Forestry Department）

T）の集団ねぐらを何度か訪れたことがある。スンダランド由来地域に広く分布しているジャワオオコウモリは翼を広げると一メートルほどになる。その集団ねぐらの場所は、川沿いにある立ち枯れした林分（りんぶん）で、白化した立木の枝におびただしい数のオオコウモリがぶら下がって休んでいた。パイロットが面白がって接近すると、ヘリコプターに驚いたオオコウモリは一斉に飛び立ち、ねぐら周辺を飛び回った（写真）。ヘリコプターに向かって飛んでくる個体もいたため気が気でなかったが、おびただしい数のオオコウモリが黒い固まりとなってうごめく様子は圧巻であった。

実際にオオコウモリの集団ねぐらを間近で観て、彼らの生息地保全の意義を再認識することができた。ちなみに、ボルネオではほかの野生動物同様にオオコウモリを食べる習慣がある。私も何度か御馳走になったが、オオコウモリの甘辛ソース炒めは味が濃過ぎて、キクラゲのような皮膜の食感しか覚えていない。ちなみに、ニパウイルスは比較的熱に弱いそうなので加熱すれば食べても大丈夫……なはずである。

ここで取り上げた感染症の脅威は、野生動物からヒトへのケースであるが、第1章で紹介したように外来種から在来種、家畜化された動物から近縁野生種へのケースもある。人類の歴史を見ても、新大陸への侵攻の際、侵略者がもち込んだ天然痘をはじめとする感染症が、先住民に非常に大きな影響を与えたことはよく知られている。野生動物の生息環境の開発によって人間と野生動物の接する機会が増加した現在、われわれは未知の感染症という目に見えない脅威にさらされている。野生動物の生息地保全はわれわれ自身を守るためにも重要であることがわかる。

三　絶滅危惧動物のゆくえ

世界には絶滅寸前まで追い込まれながらも、見事に復活した動物種が少ないながらも存在する。ゴールデンライオンタマリン（*Leontopithecus rosalia*：ＥＮ）の事例はその一つとして知られている。ゴールデンライオンタマリンは、ブラジル・リオデジャネイロ州の低地熱帯林という、分布域が非常に限られた、オマキザル科の小さなサルである。森林開発による生息地の減少に加え、小さくて可愛らしいことから、ペットや展示用に乱獲され個体数が激減、一九九一年における野生集団は二〇〇頭以下と推定されていた。そのため、ＩＵＣＮレッドリストでは、一九九六年から二〇〇〇年までは絶滅危惧ＩＡ類（Critically Endangered）として扱われていた。

このサルは、双子を出産し、コドモの体重はメスの二割ほどもある。子育てはメスだけでなく、オスとヘルパーが運搬や子守役として関わる。ヘルパー役は、ペアオス以外のオスが担当する。そのため再導入に際しては、繁殖用のオス・メス以外にもヘルパー役となるオスも一緒にリリースされた。対象種の社会行動を把握しておくことは、再導入をするうえで不可欠である。

飼育繁殖では、以前は偏った親由来からの子孫が多くの割合を占めていたが、徹底した遺伝的管理により改善された。同時に生息地の保護活動も進められ、再導入が継続的に実施された。その結果二〇一二年には、野生個体数は約一〇〇〇頭にまで増加、そのうちの三分の一は再導入個体の子孫だという。ゴールデンライオンタマリンの復活劇は、生態や行動の把握、遺伝管理に基づく飼育繁殖、そして生息地管理と再導入後のモニタリングといった、各分野の連携のたまものである。現在、ゴールデンライオンタマリンは、ブラジル紙幣の顔にもなっている（図5－6）。このプロジェクトには多くの人々が関わっているが、とくに、マルチタレントなコンサーベーション・インターナショナル会長ラッセル・ミッターマイヤーさんの存在は大きい。研究能力に加えてカリスマ性のある人材が、保全を遂行するうえで鍵となることを教えてくれる。

※　※　※　※　※

図5－6　紙幣になったゴールデンライオンタマリン

地球上の熱帯雨林には、未記載種を含め膨大な種数の野生動物が生息している。しかし、それらは開発や乱獲によって絶滅の危機に瀕していることは、本書でも繰り返し取り上げた。絶滅危惧動物の保全アプローチには、生息域内と生息域外の二つの側面があるが、たとえ動物園といった生息域外で繁殖に成功し個体数が順調に増加していったとしても、再導入するための環境が残っていなければ保全にはつながらない。また、長期にわたって継続していくためには、観光や教育、地域産業との連携も不可欠である。それらを包括しての生息域内保全と生息域外保全、両アプローチの連携こそが、絶滅危惧動物のゆくえを決定づけるのである。

●サバ大学で働く(5)● センザンコウを追う

センザンコウ(*Manis javanica*：CR)は、腹部以外が堅いウロコ様の皮膚に覆われた特徴的な外貌をしている。八種に分類され、アフリカに四種、アジアに四種分布している。アジアの四種は、台湾や中国、ベトナムやミャンマー、バングラデシュ北部からネパールまでの広域に分布するチャイニーズセンザンコウ、フィリピンのパラワン島周辺に分布するフィリピンセンザンコウ、インドやスリランカ周辺に分布するインドセンザンコウ、そしてボルネオ島を含むスンダランド由来地域に分布するスンダセンザンコウ(マレーセンザンコウともいう)である。彼らは、シロアリやアリ食に特化した動物で、歯は退化しているが、長い舌をもち、発達した爪でシロアリやアリの巣を破壊し、獲物を粘性の高い舌にくっつけながら器用に採食する。熱帯地域では、シロアリやアリはどこにでもいるため、エサには困らない。

センザンコウを取り巻く深刻な問題は、そのウロコ様の皮膚や肉が漢方薬として高額取引されるために、密猟が横行していることである。センザンコウ消費地であるアジア地域では乱獲により、アジアに分布する四種すべてが絶滅危惧種に指定されている。サバ州においても、州野生生物局によって不法取引が摘発されており、二〇〇五年には冷凍された五三〇頭が見つかった（Pantel and Awang, 2010）。また、一九九八年から二〇〇三年における法にのっとったマレーシアのセンザンコウ皮の最大輸出先は、日本五三％、次いでメキシコ三四％、アメリカ七％、シンガポール六％であるという（Chin and Pantel, 2009）。一位が日本であることに私自身も驚いた。皮とウロコは、シンガポールを経由して輸出されている。ウロコは中国と香港が、皮はメキシコと日本が輸入している。日本が輸入した皮の一部は、メキシコやアメリカへ再輸出されているという。

絶滅危惧種の保全には生態情報の把握が必要である。しかし、センザンコウの生態・行動に関する情報は、シンガポールの一例のみであった（Lim and Ng, 2008）。そこでサバ大学学部生のエリサ・パンジャンさんと私は、ボルネオ島におけるセンザンコウの基礎的な生態・行動情報を集めることにした。

センザンコウの捕獲には、やわらかい魚網を用いる。これで森の中に長い壁をつくり、魚網に頭を突っ込んだ個体は、ウロコに魚網が絡まり抜けられなくなってしまう。それを素手で捕まえるのである。ただし、傷つけてしまう恐れがあり、調査用には不向きである。そこで、私たちはセピロク（「はじめに」の地図参照）にある野生動物救護センターに保護される個体を利用することにした。保護個体はセピロクの森にリリースするというので、その際、発信機を取り付けさせてもらうことになった。

二〇一二年三月二九日、野生動物救護センターからセンザンコウを保護したという連絡を受けた。翌三〇日早朝、現場で確認したところ、体重三・一キログラム、全長八〇センチメート

上：センザンコウの発達した爪。左下：センザンコウの巣穴。右下：夜間センザンコウを探すサバ大学の学生。

ル、頭胴長三八センチメートルの未成熟オスであった。野生生物局から、発信機の装着と個体追跡の許可を得たのち作業を開始する。通常、陸生哺乳類への発信機の取り付けは首輪型のものを用いる。しかしセンザンコウの場合は異なり、臀部のウロコに二カ所の小さな穴をあけ、そこにワイヤーを通してクリップで固定した。この間、麻酔は使わず、野生生物局のスタッフに保定をお願いした。ほかの動物に比べると非常に簡単である。そして、同日一一時四〇分、最寄りの保護林であるセピロクの森にリリースした（口絵⑳）。一時間ほど行動追跡しながら直接観察を行った。その後、リリース個体が倒木の隙間に入り込んで休むのを確認したため、その日の追跡を中断した。

三月三一日早朝、テレメトリーを実施したところ、前日の休息地点から二〇〇メートルほど離れた北側斜面に新しい巣穴を確認した。簡単に巣穴までたどり着いたので感動する。巣穴の入口の直径は二〇センチメートル。巣穴利用時間と利用頻度を調べるために、巣穴前にカメラトラップを設置した。さらに、夜間のテレメトリーを実施した。リリース個体は、四月一日と二日、同じ巣穴を利用していた。調査は順調。私は学生時代のマメジカ調査の苦労を思い出しながら、「センザンコウは追跡しやすいなぁ。これなら」と胸をなで下ろした。しかし、数日後、その淡い期待は見事に裏切られる。

四月六日から八日にかけて、ふたたびテレメトリーを行ったが、シグナルが受信できない。そして四月二日まで利用していた巣穴の入り口が大きく拡張していたのである。巣穴周辺に動物の爪痕がなかったことから、野犬ではないと思われた。さらに不幸は続く。巣穴前に設置したカメラトラップの記録媒体が故障しており、データが読み込めなかったのである。巣穴が利用されている様子はなく、新しい巣穴へ移動したのかと広域を探したもののシグナルは検出できなかった。また発信機はわれわれによっても防水加工を施したため故障は考えにくい。真相は定かではないが、リリースした場所が集落とアブラヤシ・プランテーションに近く人の出入りが多いことから、密猟された可能性もある。

テレメトリー調査と並行して、カメラトラップと過去にセンザンコウの捕獲経験のある村人への聞き取り調査も行った。サバ大学の裏山にある荒れた二次林と保護林であるセピロクという、植生環境が大きく異なる森を調査地として、ケモノ道にカメラトラップを設置した。その結果、両調査地で各一枚センザンコウが撮影された。セピロクの比較調査地に選んだものの、まさか大学の裏山に生息しているとは思わなかったので正直驚いた。これはセンザンコウの環境適応性の高さを物語っている。ただし、両調査地とも撮影枚数については他種と比べて著しく低く、本種の密度の低さ、ならびにケモノ道をあまり利用しない（同じ道を行き来しない）という行動特性を示している。そのため、カメラトラップを利用してセンザンコウを調べる際は、まず巣穴をターゲットとして利用状況を把握し、そこから調査範囲を拡げていくのがよいと考えられた。また、村人への聞き取り調査では、センザンコウの捕獲場所は、基本的には森だが、アブラヤシ・プランテーションで捕獲する場合もあることがわかった。そして、捕獲する際は、巣穴や爪痕を手掛かりとするケースがもっとも多く、次いでイヌに追わせるというものであった。聞き取り調査の結果はわれわれの調査結果を裏付けるものであった。このことからも、村人の知識は野生動物の生態を把握するうえで助けとなることがわかる。

ちなみに、エリサさんは、その後修士課程を経て、現在はサバ州野生生物局で働くとともに、IUCNのセンザンコウ専門家グループの一人として活躍している。IUCNレッドリストにおいて、二〇一四年から本種が絶滅の危険性がもっとも高い「Critically Endangered」に格上げされた。以前、「センザンコウの飼育繁殖プロジェクトを立ち上げたい」と夢を語っていたので、近い将来、実現することを期待している。

おわりに

本書は、私自身がフィールド経験を通して学んだ絶滅危惧動物保全のアプローチの仕方やフィールドの魅力を、一般の方々、とくに高校生や大学生に伝えることを目的として執筆させていただいた。第1章では絶滅危惧動物に関する基本事項について、第2章では生息地保全において鍵となる商業林管理の重要性について、第3章では野生ウシ、バンテンの保全を目的とした生態と遺伝両分野からのアプローチについて、第4章ではボルネオ島以外の絶滅危惧動物の状況について、そして最終章の第5章では、生息域外保全と生息域内保全の連携の重要性について紹介した。もしかしたら、「はじめに」で宣言した五回の集中講義にしては偏った内容で、読者の期待に応えられなかったかもしれない。その場合は「こういう生き方もあるのか」という違う側面から本書を眺めていただけたらと思う。

サバ大学での教員生活はわずか三年間であったが、とても密度の濃い時間であった。学生たちは、私が思っていた以上に野生動物の生態や保全に関心があり、この分野の将来が明るいことを実感した。彼ら彼女らがこの分野のリーダー的存在になってくれることを願ってやまない。そのためにも、私は自分が経験してきたことを少しでも還元できたらと思う。

本書の中で度々書いたように、何事も「関心をもつこと」が大事であり、関心をもってもらうには、現場を知る者が積極的に「外部へ発信すること」が必要である。二〇一四年、サバ州森林局の一〇〇周年記念イベントの一環として、デラマコットの塩場と哺乳類に関する小冊子 *Natural Salt-Licks and Mammals in Deramakot—Their importance and why it should be conserved* を出版させていただいた。デラマコットはマレーシアの誇るべき商業林の一つであり、毎年、国内外から学生や関係者が訪れる場所である。しかし、野生動物を考慮した森林管理については学術論文しかなかったため、写真を多用した一般向けの本があったらいいなと副営林所長のピーター・ラガンさんと以前から話していた。そして、サバ大学在職中に局長のダトゥ・サマナンさんにお願いしておき実現したものである。その小冊子は営利目的ではないため、印刷物以外にインターネット上でも無料配信されている（デラマコットのウェブサイト http://www.deramakot.sabah.gov.my/）。

私は、はじめから希少種や生息地の「保全」を意識していたわけではない。最初は、野生動物の「生きざま」を知ることに没頭していた。しかし、調査地の森に隣接するセピロク・オランウータン・リハビリテーションセンターには、オランウータンをはじめ、生息地を追われた哺乳類、鳥類、そして爬虫類といった、たくさんの野生動物が毎日のように運び込まれていた。さらに、スタッフがアブラヤシ・プランテーションの開発現場に野生動物を保護しに行く際は何度も同行させてもらった。そうして現場の惨状を目の当たりにするという「研究以外でのフィールド経験」を積むうちに、フィールドに身を置く者として、対象動物種だけでなく、その種を取り巻く生息地の現状を把握し、それを発信していくことが必要だと痛感した。また、熱帯雨林という野生動物の生息環境があるからこそ、私自身の知的好奇心は満たされ、それを軸にさまざまな人との出会いも生まれ、何より「魅力ある今の環境を残せるものなら残したい」と考えるようになった。そして、今後も関わり続けたいと思ったとき、必然的に今の方向へと舵を切っていたのである。

私は大学院博士課程から、熱帯雨林でのマメジカの生態研究を始めた。フィールド経験ゼロの無謀な学生を受け入れてくれたのが、東京工業大学の幸島司郎さんだった（現在は京都大学野生動物研究センターのセンター長）。当時の幸島研究室は雪氷生物学を柱としていたが、寛大かつ好奇心の旺盛な幸島さんのお陰で、いつの間にか、マメジカやサイ、イルカ、オランウータン、インコ、ネオンテトラ、ウニなど、研究対象にこだわりのある個性的な学生たちが集まる場所になっていた。学生たちは好奇心の赴くまま研究対象と向き合っていたため、意識することなくオリジナリティにも結びついていた。また、飼育個体を対象に研究を進める学生たちもいたが、生息地にも足を運び、自分の目で現状を確かめることは欠かさなかった。博士課程の五年間は、私にとってはもっとも自由で一生懸命だった時期であり、その経験があったからこそ、先行き不透明なポスドクもサバ大学での教員生活も存分に楽しむことができた。

熱帯アジアの野生動物と関わって二〇年ほどが経ち、私が学生だった頃と今はだいぶ違うけれども、「学生時代は好きなことに没頭できる」ということは今でも変わらないだろう。何かに没頭できる環境に身を置き、結果を出すために試行錯誤しながら「邁進する」ことが、その後の人生を前向きに生きる力も養ってくれると私は信じている。国内の大学において、幸島研究室のような環境は（たぶん）少ない。しかし、そのような環境があったからこそ今の私がいるのは間違いなく、私にはそのような環境を多少なりとも維持する義務があると思っている。

本書を書き終えて改めて思うことは、いろいろなことがつながっているということだ。小学生の頃に叔父から聞いたボルネオ島やニューギニア島の野生動物の話を発端に、中高生で愛読した動物雑誌『アニマ』で魅了された世界を股にかけたフィールドワークの記事。その記事の執筆者の一人が幸島さんである。博士課程で飛び込んだボルネオ島だったが、そのときお会いしたアブドゥル・ハミドさんとは、その後、サバ大学の上司と部下、そして今ではバンテンの飼育繁殖プロジェクトの共同研究者という形でつながりが続いている。また、修士課程まで専攻していた分子生物学には、バンテンの遺伝という形でふたたび関わることになり、学部時代の恩師の半澤惠さんや後輩の石毛太一郎さん、覚張隆史さんは、共同研究者となった。ほかにもさまざまな人と思わぬところでつながってきた。こう考えると、無駄なことなどなく、人と人との関係を大事にしながら、時間をかけても目標に向かって進むことの大切さを改めて認識する。これまで私は、幾度となく「もうダメか……」と思ったギリギリのところで道が開けることを繰り返してきた。突破口を見いだせたのは、まさに人運によるもので、「もしあのとき、あの人に出会わなければ」と考えると、きりがない。これまで出会ったよい運をもたらしていただいた方々に深く感謝する。

二〇一二年二月、化学同人の津留貴彰さんから非常に丁寧なメールを頂戴した。本書執筆のお誘いである。あれから三年が過ぎての脱稿。とくに急かされるわけでも、内容について注文されるわけでもなく、自由に取り組ませていただいた。このような機会をいただけたことに、感謝したい。

本書で紹介した研究は、以下の研究費の支援を受けて行われている。日本学術振興会・研究拠点形成事業A先端拠点形成型（二〇一二〜二〇一七）「大型動物研究を軸とする熱帯生物多様性保全研究」（代表：幸島司郎）、日本自然保護協会プロナトゥーラファンド海外助成（二〇一一〜二〇一二）「絶滅危惧種マレーセンザンコウの保全に関する研究」（代表：松林尚志）、マレーシア科学研究費補助金（FRG0243-NSNH-1/2010）（二〇一〇〜二〇一三）「Genetic purity, seasonal movement and habitat use of the Bornean wild cattle（*Bos javanicus lowi*）within the Kulamba Wildlife Reserve」（代表：Abdul Hamid）

最後に、妻の人並み外れた理解があったからこそ、この道を歩み続けられていると思う。先がまったく見えないなか、マレーシアへの移住にまで付き合ってくれた妻に改めて感謝したい。本書を妻と二人の娘に捧げる。

二〇一五年四月　大山を望む研究室にて

松林　尚志

Proceedings of the workshop on trade and conservation of pangolins native to South and Southeast Asia, 143-162.
Lim, N. T. L. and Ng, P. K. L. (2008). Home range, activity cycle and natal den usage of a female Sunda pangolin *Manis javanica* (Mammalia: Pholidota) in Singapore. *Endangered Species Research*, 4: 233-240.

※以下の3冊は原著で新しい版が出ているものの，優れた内容かつ日本語で読めるため，本書で扱った地域を概観したい方，より理解を深めたい方にお勧めしたい。

長田典之，松林尚志，沼田真也，安田雅俊 共訳（2013）.『アジアの熱帯生態学』東海大学出版部，Pp. 292.（Corlett, R. T.（2009）. *The Ecology of Tropical East Asia*. Oxford University Press）
西田睦 監訳，高橋洋，山崎裕治，渡辺勝敏 訳（2007）.『保全遺伝学入門』文一総合出版，Pp. 751.（Frankham, R., Ballou, J. D. and Briscoe, D. A.（2002）. *Introduction to Conservation Genetics*. Cambridge University Press）
伊沢紘生 監修，幸島司郎 訳（1992）.『熱帯雨林の生態学』どうぶつ社，Pp. 478.（Kricher, J. C.（1989）. *An introduction to the animals, plants, and ecosystems of the new world tropics*. Princeton University Press）

Wildt, D. E., Goodrowe, K. L., Packer, C., Pusey, A. E., Brown, J. L., Joslin, P. and O'Brien, S. J. (1987). Reproductive and genetic consequences of founding isolated lion populations. *Nature*, 329: 328–331.

Yuhki, N. and O'Brien, S. T. (1990). DNA variation of the mammalian major histocompatibility complex reflects genomic diversity and population history. *Proceedings of the National Academy of Sciences of the United States of America*, 87: 836–840.

Packer, C. Gilbert, D. A., Pusey, A. E. and O'Brien, S. J. (1991). A molecular genetic analysis of kinship and cooperation in African lions. *Nature*, 351: 562–565.

Hrbek, T., da Silva, V. M. F., Dutra, N., Gravena, W., Martin, A. R. and Farias, I. P. (2014). A New Species of River Dolphin from Brazil or: How Little Do We Know Our Biodiversity. *PLoS ONE*, 9: e83623. doi: 10.1371/journal.pone.0083623

菊池夢美（2014).「保全の現場見聞録・アマゾンマナティの野生復帰をめざして」『WWF 会報』 9・10 月号, 13-16.

第 5 章

IUCN (1987). The IUCN policy statement on captive breeding. https://portals.iucn.org/library/node/6506

Beck, B. B., Rapaport, L. G., Stanley Price, M. R., et al. (1994). Reintroduction of captive born animals. In: *Creative Conservation: Interactive Management of Wild and Captive animals*. (Eds. Olney, P. S. J., Mace G. M. and Feistner, A. T. C.), Springer, Pp. 265–286.

Sankar, K., Pabla, H. S., Patil, C. K., Nigam, P., Qureshi, Q., Navaneethan, B., Manjreakar, M., Virkar, P. S. and Mondal, K. (2013). Home range, habitat use and food habits of re-introduced gaur (*Bos gaurus gaurus*) in Bandhavgarh Tiger Reserve, Central India. *Tropical Conservation Science*, 6: 50–69.

安田雅俊, 長田典之, 松林尚志, 沼田真也（2008).『熱帯雨林の自然史』東海大学出版部, Pp. 283.

Wong, S. T., Servheen, C. W. and Ambu, L. (2004). Home range, movement and activity patterns, and bedding sites of Malayan sun bears *Helarctos malayanus* in the Rainforest of Borneo. *Biological Conservation*, 119: 169–181.

Pantel, S. and Awang, A. N. (2010). A preliminary assessment of pangolin trade in Sabah. TRAFFIC Southeast Asia, Petaling Jaya, Malaysia.

Chin, S. Y. and Pantel, S. (2009). Pangolin Capture and Trade in Malaysia.

Bradshaw, C. J. A., Isagi, Y., Kaneko, S., Bowman, D. M. J. S. and Brook, B. W. (2006). Conservation Value of Non-Native Banteng in Northern Australia. *Conservation Biology*, 20: 1306-1311.

Hassanin, A. and Ropiquet, A. (2007). Resolving a zoological mystery: the kouprey is a real species. *Proceedings of the Royal Society B-Biological Sciences*, 274: 2849-2855.

Matsubayashi, H., Hanzawa, K., Kono, T., Ishige, T., Gakuhari, T., Lagan, P., Sunjoto, I., Sukor, J. R. A., Sinun, W. and Ahmad, A. H. (2014). First molecular data on Bornean banteng (*Bos javanicus lowi*) from Sabah, Malaysian Borneo. *Mammalia*, 78: 523-531.

Fah, L. Y., Mohammad, A. and Chung, Y. C. Eds. (2008). *A guide to Plantation Forestry in Sabah*. Sabah Forestry Department. Pp. 154.

Meijaard, E. (2004). Solving mammalian riddles. A reconstruction of the Tertiary and Quaternary distribution of mammals and their palaeoenvironments in island South-East Asia. The Australian National University. Ph. D. thesis.

Ishige, T., Gakuhari, T., Hanzawa, K., Kono, T., Sunjoto, I., Sukor, J. R. A., Ahmad, A. H. and Matsubayashi, H. (Published online 2015) Complete mitochondrial genomes of the tooth of a poached Bornean banteng (*Bos javanicus lowi*; Cetartiodactyla, Bovidae). *Mitochondrial DNA*.

第4章

Gubbi, S. and Linkie, M. (2012). Wildlife hunting patterns, techniques, and profile of hunters in and around periyar tiger reserve. *Journal of the Bombay Natural History Society*, 109: 165-172.

Sukumar, R., Ramakrishnan, U. and Santosh, J. A. (1998). Impact of poaching on an Asian elephant population in Periyar, southern India: a model of demography and tusk harvest. *Animal Conservation*, 1: 281-291.

Stoner, S. S. and Pervushina, N. (2013). Reduced to skin and bones revisited: an updated analysis of tiger seizures from 12 tiger range countries (2000-2012). TRAFFIC, Kuala Lumpur, Malaysia.

Dhanwatey, H. S., Crawford, J. C., Abade, L. A. S., Dhanwatey, P. H., Nielsen, C. K. and Sillero-Zubiri, C. (2013). Large carnivore attacks on humans in central India: a case study from the Tadoba-Andhari Tiger Reserve. *Oryx*, 47: 221-227.

Packer, C., Ikanda, D., Kissui, B. and Kushnir, H. (2007). The ecology of man-eating lions in Tanzania. *Nature & Faune*, 21: 10-15.

Carnivore Conservation, 31: 3-5.
Matsubayashi, H., Bernard, H. and Ahmad, A. H. (2011). Small carnivores of the Imbak Canyon, Sabah, Malaysia, Borneo, including a new locality for the Hose's Civet *Diplogale hosei*. *Small Carnivore Conservation*, 45: 18-22.

第2章

Sabah Forestry Department (2010) *Fact sheets of forest reserves in Sabah*. Pp. 24.
Matsubayashi, H., Lagan, P., Majalap, N., Tangah, J., Sukor J. R. A. and Kitayama, K. (2007). Importance of natural licks for the mammals in Bornean inland tropical rain forests. *Ecological Research*, 22: 742-748.
鈴木継美（1991).『パプアニューギニアの食生活』中公新書，Pp. 239.
松林尚志（2009).『熱帯アジア動物記』東海大学出版部，Pp. 200.
Matsubayashi, H. and Lagan, P. (2014). Natural Salt-Licks and Mammals in Deramakot: Their importance and why it should be conserved. Sabah Forestry Department, Pp. 60.
McNaughton, S. J. (1988). Mineral nutrition and spatial concentrations of African ungulates. *Nature*, 334: 343-345.
Takyu, M., Matsubayashi, H., Wakamatsu, N., Nakazono, E., Lagan, P. and Kitayama, K. (2012). Guidelines for establishing conservation areas in sustainable forest management: Developing models to understand habitat suitability for orangutans. In Kitayama, K. (Ed.) *Co-benefits of Sustainable Forestry: Ecological Studies of a Certified Bornean Rain Forest*. Springer, pp. 113-128.
Loken, B., Spehar, B. and Rayadin, Y. (2013). Terrestriality in Bornean orangtan (*Pongo pygmaeus morio*) and implications for their ecology and conservation. *Amerian Journal of Primatology*, 75: 1129-1138.
Ancrenaz, M. et al. (2014). Coming down from the trees: Is terrestrial activity in Bornean orangutans natural or disturbance driven? *Scientific Reports*, 4, 4024; DOI: 10.1038/srep04024

第3章

Davies, G. and Payne, J. (1982). *A Faunal Survey of Sabah*. World Wildlife Fund Malaysia.
Van der Maarel, F. H. (1932). Contribution to the knowledge of the fossil mammalian fauna of Java. *Wet. Med. Dienst Mijnb. Ned. Indie*, 15: 1-208.

引用文献

本書で紹介した内容について，よりくわしく知りたいという方は以下の文献を参照されたい。

第1章

IUCN (2014). The IUCN Red List of Threatened Species. http://www.iucnredlist.org/about/summary-statistics#Fig_3_comprehensive

Sukumar, R. (2003). *The Living Elephants*. Oxford University Press Pp. 320.

林野庁 編 (2013). 『森林・林業白書』.

Fah, L. Y., Mohammad, A. and Chung, Y. C. Eds. (2008). *A guide to Plantation Forestry in Sabah*. Sabah Forestry Department. Pp. 154.

Matsubayashi, H., Bosi, E. and Kohshima, S. (2003). Activity and habitat use of lesser mouse-deer (*Tragulus javanicus*). *Journal of Mammalogy*, 84: 234-242.

Harrison, J. L. (1968). The effect of forest clearance on small mammals. In: *Conservation in Tropical South East Asia*. IUCN Publ. New Ser. 10: 153-158.

Lacerda, A. C. R., Tomas, W. M. and Marinho-Filho, J. (2009). Domestic dogs as an edge effect in the Brasília National Park, Brazil: interactions with native mammals. *Animal Conservation*, 12: 477-487.

Young, J. K., Olson, K. A., Reading, R. P., Amgalanbaatar, S. and Berger, J. (2004). Is Wildlife Going to the Dogs? Impacts of Feral and Free-roaming Dogs on Wildlife Populations. *BioScience*, 61: 125-132.

Wilting, A., Buckley-Beason, V. A., Feldhaar, H., Gadau, J., O'Brien, S. J. and Linsenmair, K. E. (2007). Clouded leopard phylogeny revisited: support for species recognition and population division between Borneo and Sumatra. *Frontiers in Zoology*, 4:15 http://www.frontiersinzoology.com/content/4/1/15

Wilting, A., Christiansen, P., Kitchener, A. C., Kemp, Y. J. M., Ambu, L. and Fickel, J. (2011). Geographical variation in and evolutionary history of the Sunda clouded leopard (*Neofelis diardi*) (Mammalia: Carnivora: Felidae) with the description of a new subspecies from Borneo. *Molecular Phylogenetics and Evolution*, 58: 317-328.

Yasuma, S. (2004). Observation of a live Hose's Civet *Diplogale hosei*. *Small*

松林尚志（まつばやし・ひさし）

1972 年、宮城県石巻市生まれ。2002 年、東京工業大学大学院生命理工学研究科修了。博士（理学）。マレーシア・サバ大学熱帯生物学保全研究所准教授などを経て、現在、東京農業大学農学部准教授（野生動物学研究室）。専門は野生動物学。とくに、熱帯雨林に生息する哺乳類の生態や生息地保全に関する研究。
著書に『熱帯アジア動物記』、共著書に『熱帯雨林の自然史』、共訳書に『アジアの熱帯生態学』（いずれも東海大学出版部）などがある。
Web サイト：Borneo Mammal Study

DOJIN 選書　067

消えゆく熱帯雨林の野生動物
絶滅危惧動物の知られざる生態と保全への道

第 1 版　第 1 刷　2015 年 8 月 10 日

検印廃止

著　　者　松林尚志
発 行 者　曽根良介
発 行 所　株式会社化学同人
600 - 8074　京都市下京区仏光寺通柳馬場西入ル
編集部　TEL：075-352-3711　FAX：075-352-0371
営業部　TEL：075-352-3373　FAX：075-351-8301
振替　01010-7-5702
http://www.kagakudojin.co.jp　webmaster@kagakudojin.co.jp
装　　幀　BAUMDORF・木村由久
印刷・製本　創栄図書印刷株式会社

ISBN978-4-7598-1667-9

DOJIN選書・好評既刊

生まれ変わる動物園
——その新しい役割と楽しみ方
田中正之

動物園はなぜ必要なのか？ チンパンジーの「お勉強」、ゴリラの出産と育児、アジアゾウの夜の行動、キリンの寝方など、様々な動物たちの姿を通して考える。

森の「恵み」は幻想か
——科学者が考える森と人の関係
蔵治光一郎

森は人にとってどんな存在か。洪水緩和、水資源かん養、環境サービスに果たす役割、木材生産、森の管理の理想的なかたちを科学的な知見に基いて考察する。

消えるオス
——昆虫の性をあやつる微生物の戦略
陰山大輔

役立たずのオスの抹殺、オスからメスへの性転換、交尾なしで子どもを産ませる……。昆虫の細胞に共生している細菌「ボルバキア」は、なぜ宿主の性を操作するのか。

スポーツを10倍楽しむ統計学
——データで一変するスポーツ観戦
鳥越規央

テニスで決勝に進む選手が代わり映えしないのはなぜ？ サッカーで得点が生まれやすい時間帯は？ など、運動オンチでも統計オンチでも楽しめるスポーツ統計学。

脳がつくる3D世界
——立体視のなぞとしくみ
藤田一郎

脳は、二次元の視覚情報から奥行きに関する情報を抽出して、三次元世界を心の中につくり出す。このときの脳の仕事を、最先端の研究まで紹介しながら読み解く。

DOJIN選書・好評既刊

和算の再発見
——東洋で生まれたもう一つの数学

城地　茂

鶴亀算、三平方の定理、高次方程式の解法、円周率の計算、ソロバン、魔方陣の作成方法……西洋数学伝来以前に栄えた数学が育んだ知恵とは。数奇な歴史をひもとく。

落ちない飛行機への挑戦
——航空機事故ゼロの未来へ

鈴木真二

ライト兄弟初飛行から110年。航空機事故の教訓から何を学び、空の安全をいかに獲得してきたか。究極の安全をめざした挑戦は続く。

生物の大きさはどのようにして決まるのか
——ゾウとネズミの違いを生む遺伝子

大島靖美

1ミリの虫から100メートルを超える巨木まで、生物の大きさはなぜこれほどまでに多様なのか、大きさを決める仕組みはどこまでわかったか。

「美しい顔」とはどんな顔か
——自然物から人工物まで、美しい形を科学する

牟田　淳

自然物か人工物かを問わず、身の回りにあふれる美しい形を取り上げ、そこに隠された美の要素を探り、ある形を美しいと感じる理由を考える。

エネルギー問題の誤解　いまそれをとく
——エネルギーリテラシーを高めるために

小西哲之

石油、天然ガス、原子力、風力など、エネルギーがつくられ、消費され、廃棄されるまでを総合的に分析・評価して、これからのエネルギーのあるべき姿を考える。